国家级职业教育规划教材

全国职业院校艺术设计类专业教材

室内设计制图与识图

（第二版）

刘日端　孙晓倩　主编

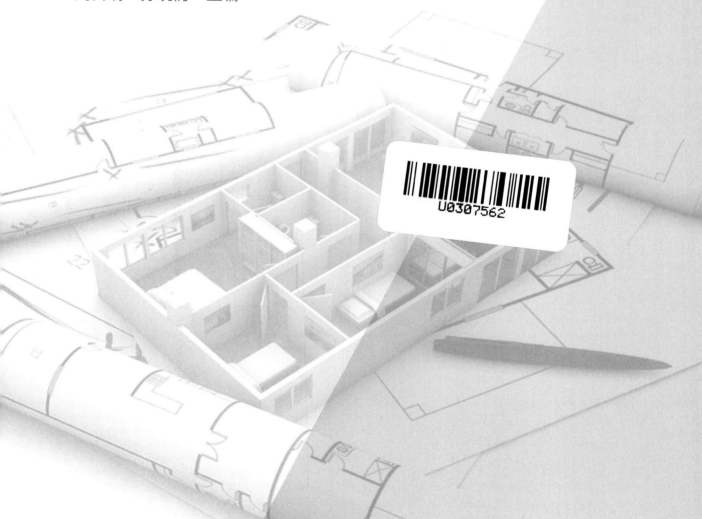

中国劳动社会保障出版社

简介

本教材为全国职业院校艺术设计类专业教材，由人力资源社会保障部教材办公室组织编写。教材主要内容包括制图基本知识、投影基础、形体正投影和轴测投影、形体投影表达方法、建筑施工图和室内装饰工程图等。教材在每章后安排了"思考与练习"，帮助学生巩固所学内容。

本教材由刘日端、孙晓倩任主编。

图书在版编目（CIP）数据

室内设计制图与识图 / 刘日端，孙晓倩主编 . - - 2 版 . - - 北京：中国劳动社会保障出版社，2022

全国职业院校艺术设计类专业教材

ISBN 978-7-5167-5365-1

Ⅰ. ①室… Ⅱ. ①刘…②孙… Ⅲ. ①室内装饰设计 – 建筑制图 – 职业教育 – 教材②室内装饰设计 – 建筑制图 – 识别 – 职业教育 – 教材 Ⅳ. ①TU238

中国版本图书馆 CIP 数据核字（2022）第 092876 号

中国劳动社会保障出版社出版发行

（北京市惠新东街 1 号 邮政编码：100029）

*

北京市艺辉印刷有限公司印刷装订 新华书店经销

880 毫米 × 1230 毫米 16 开本 12.5 印张 288 千字

2022 年 7 月第 2 版 2022 年 7 月第 1 次印刷

定价：37.00 元

读者服务部电话：（010）64929211/84209101/64921644

营销中心电话：（010）64962347

出版社网址：http://www.class.com.cn

　　　　　　http://jg.class.com.cn

前言

艺术设计类专业的研究内容和服务对象有别于传统的艺术门类，它涉及社会、文化、经济、市场、科技等诸多领域，其审美标准也随着时代的变化而改变。2022 年，我们对全国职业院校艺术设计类专业教材进行了修订，重点做了以下几方面的工作。

第一，更新了教材内容。对上版教材中的部分内容进行了调整、补充和更新，使教材更加符合当前职业院校艺术设计类专业的教学理念和实践方法。进一步增加了实践性教学内容的比重，强调运用案例引导教学。这些案例一部分来自企业的真实设计，缩短了课堂教学与实际应用的距离；还有一部分来自优秀学生作品，它们更加贴近学生的思维，容易得到学生的共鸣，增强学生学习的自信心。

第二，提升了教材表现形式。通过选用更优质的纸张材料、更舒适的图书开本及更灵活的版式设计，增加了教材的时代感和亲和力，激发了学生的学习兴趣。同时，加强了图片、表格及色彩的运用，营造出更加直观的认知环境，提高了教材的趣味性和可读性。

第三，加强了教材立体化资源建设。在教材修订的同时，开发了与教材配套的电子课件，包含上机操作内容的教材还提供了相关素材，可登录技工教育网（http://jg.class.com.cn），搜索相应的书目，在相关资源中下载。

本套教材的编写得到了有关学校的大力支持，教材编审人员做了大量工作，在此我们表示衷心的感谢！同时，恳切希望广大读者对教材提出宝贵的意见和建议。

人力资源社会保障部教材办公室

目录

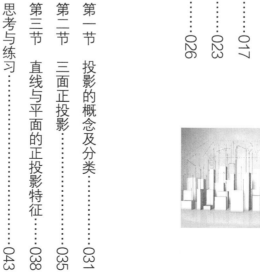

Ｃontents

第一章

制图基本知识

学习目标

1. 掌握建筑制图国家标准的基本规定

2. 能正确使用绘图工具绘制几何图形以
   及圆弧连接

3. 掌握平面图形的分析与作图方法

室内设计制图是表达工程设计、指导施工必不可少的依据。室内设计从建筑设计的装饰部分演变出来，是建筑设计的分支和延续，也是对建筑物内部环境的完善、细化和补充。室内设计制图同样延续着建筑设计的制图标准和方法。

我国现行与建筑制图相关的标准主要有《房屋建筑制图统一标准》（GB/T 50001—2017）、《建筑制图标准》（GB/T 50104—2010）、《技术制图字体》（GB/T 14691—1993）。本章主要介绍制图需要的绘图工具及其使用方法、建筑制图国家相关标准的部分内容以及平面图形的绘图方法和步骤。

第一节

SECTION 1
绘图工具及其使用方法

绘图离不开工具。借助绘图工具不仅可以保证绘图质量，而且可以提高绘图效率。虽然在实际工作中，我们通常使用计算机和绘图软件绘制室内设计图，但对开始学习室内设计制图的初学者来说，手绘工具更适用。

一、绘图板、丁字尺、三角板

绘图板用来张贴图纸。要求板面光滑平整，工作边平直，可作为绘图时丁字尺上下移动的导边。

丁字尺主要用来画水平线。使用时，左手握住尺头，使尺头内侧紧靠图板左侧导边，上下移动至适合的位置。

两块直角三角形板组成一副，其中一块的两个锐角都是 45°，另一块的两个锐角分别是 30° 和 60°。

绘图板、丁字尺、三角板的组合使用如图 1-1 所示。

二、分规和圆规

分规是用来量取线段长度和等分线段的工具，也可用它等分直线段或圆弧，如图1-2所示。

圆规是用来画圆和圆弧的工具。使用圆规时，注意调整圆规两条腿上的关节，使针尖端和插腿端均垂直于纸面，如图1-3所示。

❶ 图1-1　绘图板、丁字尺、三角板的组合使用
a）作水平线　b）作垂直线　c）作30°、45°斜线　d）作60°、75°、15°斜线
❷ 图1-2　分规的使用方法
❸ 图1-3　圆规的使用方法
a）钢针台肩与铅芯或墨线笔头端部平齐
b）在一般情况下画圆的方法　c）画较大的圆或圆弧的方法

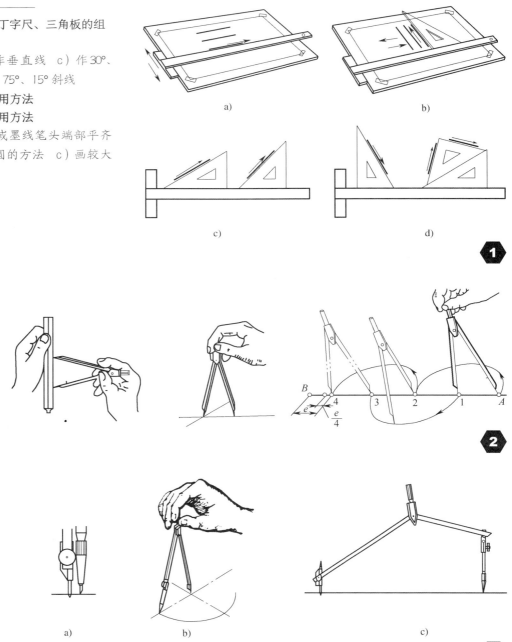

三、比例尺

常用的比例尺呈三棱柱形状,又称三棱比例尺(见图1-4)。常用的比例尺有1:100、1:200、1:300、1:400、1:500、1:600六种刻度。在1:100的比例尺上,原来只有10 mm的地方刻成"1 m"。也可以把1:100的比例尺当1:10使用,即把"1 m"的刻度当作0.1 m,其他比例依此类推。

四、曲线板

曲线板是用来画非圆曲线的工具。如图1-5所示是常用的一种曲线板,其用法是先将非圆曲线上的一系列点用铅笔轻轻地勾画出均匀圆滑的稿线,然后选取曲线板上能与稿线重合的一段(至少含三个点以上)描绘下来,依此类推,顺序描画。

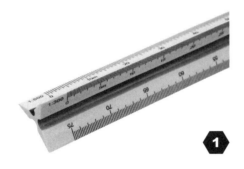

❶ 图1-4 三棱比例尺
❷ 图1-5 曲线板的使用
a)曲线板 b)用铅笔轻轻连接各点 c)在曲线板上选择曲率合适的三个点加深 d)与上相同,直至加深完毕

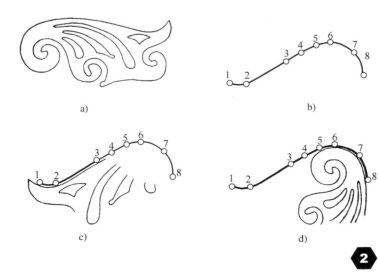

a)

b)

c)

d)

五、制图模板

制图模板是把各种建筑标准图例，如柱、墙、门的开启线，详图索引符号，标高符号，洁具，家具等按比例刻在透明板上。使用时，只要铅笔在孔内画一周，便可轻松画出图例。如图1-6所示是一款室内设计家具平面图的制图模板。

六、绘图用笔

（一）铅笔

绘图铅笔的铅芯有软硬之分。B表示软铅芯，H表示硬铅芯。常用的绘图铅笔有H、HB、B等型号，通常B型或HB型铅笔用于画粗线，H型或2H型铅笔用于画细线或底稿线，HB型或H型铅笔用于画中线或书写字体。

（二）绘图针笔

绘图针笔是绘制技术图样的专用笔。绘图针笔有不同粗细的笔嘴，如图1-7所示。绘图时，选用不同型号的绘图针笔即可画出不同宽度的墨线，把绘图针笔装在圆规专用的夹具上可以画出墨线圆和圆弧。

除了以上所列举的工具外，绘图还需要软毛刷、绘图橡皮、胶条等用品。

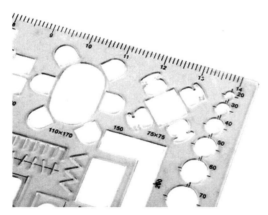

图1-6 室内设计家具平面图制图模板

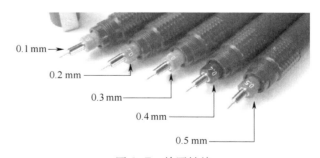

图1-7 绘图针笔

第二节

SECTION 2
建筑制图国家标准基本规定

一、图纸幅面规格

图纸幅面是指图纸长度与宽度组成的图面，图框是图纸上绘图范围的界线。绘制图样时，图纸幅面和图框尺寸优先采用表 1-1 所规定的要求。

表 1-1　图纸幅面尺寸　　　　　　　　　　　　　　　　　mm

尺寸代号	幅面代号				
	A0	A1	A2	A3	A4
$B \times L$	841×1 189	594×841	420×594	297×420	210×297
c	10			5	
a	25				

注：表中尺寸代号参照图 1-8 所示。

为便于识图及查询相关信息，图纸的右下角一般配置标题栏。标题栏方向与看图方向应保持一致，如图 1-8 所示。标题栏一般由更改区、签字区、其他区、名称和代号区组成，也可按实际需要增加或减少。

会签栏是工程图纸上由会签人员填写有关专业、姓名、日期等信息的一个表格。不需要会签的图纸，可不设会签栏。对于学生在学习阶段的制图作业，建议采用如图 1-9 所示的标题栏，不设会签栏。

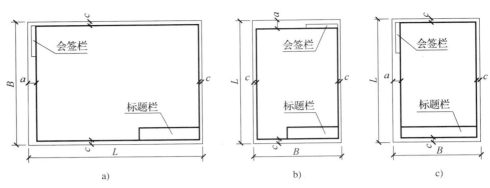

图 1-8　图框的格式

a）A0 ～ A3 横式幅面　b）A0 ～ A3 立式幅面　c）A4 立式幅面

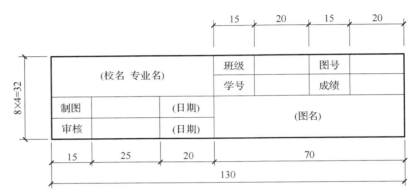

图 1-9　绘图作业的标题栏格式

二、图线

（一）线型与线宽

工程图样中，每一条图线都有其特定的含义和作用。各专业对线型和线宽的使用要求不同，绘图时，必须按照国家制图标准的规定，正确使用线型和线宽。

建筑室内制图图线的线型有实线、虚线、单点长画线、双点长画线、折断线、波浪线等，每种线型又有粗、中粗、中、细之分。绘图时，可参照表 1-2 所列举的部分要求使用图线。

图线的线宽根据图样的复杂程度、比例以及图幅的大小来选定。当粗实线的宽度 b 选定之后，其他线型的线宽也随之而定，形成一定的线宽组。同一张图纸内，相同比例的图样应选用相同的线宽组。

粗实线的线宽 b，应按照图纸比例及图纸性质从 1.4 mm、1 mm、0.7 mm、0.5 mm 线宽系列中选取。

表 1-2　图线的线型、线宽及其应用范围

名称		线型	线宽	应用范围
实线	粗	———————	b	主要可见轮廓线，即平、剖面图中被剖切的主要建筑构造的轮廓线；建筑或室内立面图、建筑构配件详图的外轮廓线；建筑、室内构造详图和节点图被剖切的主要部分的轮廓线；平、立、剖面图的剖切符号；新建建筑物 ±0.00 高度可见轮廓线；新建的管线等
	中粗	———————	$0.7b$	可见轮廓线，即平、剖面图被剖切的次要建筑构造（包括构配件）轮廓线和装饰装修构造的次要轮廓线；建筑平、立、剖面图中建筑构配件的轮廓线；建筑构造详图及建筑构配件详图中的一般轮廓线；房屋建筑室内装饰装修详图中的外轮廓线
	中	———————	$0.5b$	小于 $0.7b$ 的图形线、家具线、尺寸线、尺寸界线、索引符号、标高符号、详图材料做法引出线、粉刷线、保温层线以及地面、墙面的高差分界线等；室内构造详图的一般轮廓线；新建构筑物、围墙、运输设施的可见轮廓线等
	细	———————	$0.25b$	主要用于图形和图例填充线、纹样线等；新建建筑物 ±0.00 高度以上的可见建筑物、构筑物轮廓线；排水沟、坐标线、尺寸线等
虚线	粗	– – – – – – –	b	新建建筑物、构筑物地下轮廓线
	中粗	– – – – – – –	$0.7b$	不可见的轮廓线，即建筑构造详图、建筑构配件被遮挡部分的轮廓线；拟建、扩建建筑物轮廓线和室内装饰装修部分轮廓线；建筑平面图中起重机（吊车）的轮廓线；室内被索引图样的范围
	中	– – – – – – –	$0.5b$	投影线、小于 $0.5b$ 的不可见轮廓线；预想放置的房屋建筑或构件；计划预留扩建的建筑物、构筑物、建筑红线及预留用地红线等
	细	– – – – – – –	$0.25b$	表示内容与中虚线相同，适合小于 $0.5b$ 的不可见轮廓线；图例填充线、家具线等
单点长画线	粗	—— · —— · ——	b	起重机（吊车）轨道线等
	中	—— · —— · ——	$0.5b$	运动轨迹线等
	细	—— · —— · ——	$0.25b$	中心线、对称线或轴线等
双点长画线	粗	—— ·· —— ·· ——	b	用地红线
	中	—— ·· —— ·· ——	$0.5b$	地下开采区塌落界限
	细	—— ·· —— ·· ——	$0.25b$	建筑红线
折断线	细	——／——	$0.25b$	不画出图样全部时的断开线
波浪线	细	〰〰〰	$0.25b$	不画出图样全部时的断开线；构成层次的断开线

（二）图线的画法

绘图时要注意以下事项：

1. 相互平行的图例线，其净间隙或线中间隙不宜小于 0.2 mm。

2. 当两种以上不同线宽的图线重合时，应按粗、中、细的次序绘制；当相同线宽的图线重合时，应按实线、虚线、点画线的次序绘制。

3. 虚线、单点长画线或双点长画线的线段长度和间隔，宜各自相等。

4. 图线不得与文字、数字或符号重叠、混淆，不可避免时，应首先保证文字的清晰。

各种图线的正误画法见表 1-3。

表 1-3　图线的正误画法

图线	正确	错误	说明
虚线与点画线			1. 点画线的线段一般长 15 ~ 20 mm，空隙与点共 2 ~ 3 mm。点通常画成很短的短画 2. 虚线的线段一般长 4 ~ 6 mm，间隙 1 mm，不能画得太短、太密
圆的中心线			1. 两点画线相交、点画线与其他图线相交，应在线段处相交 2. 点画线的起始和终止处必须是线段 3. 点画线应超出图形轮廓线 2 ~ 5 mm 4. 点画线很短时，可用细实线代替
图线的交接			1. 两粗实线相交，应画到交点处，线段两端不出头 2. 两虚线或虚线与实线相交，应线段相交，不留间隙 3. 虚线是实线的延长线时，应留有间隙
折断线与波浪线			1. 折断线两端应分别超出图形轮廓线 2. 波浪线画到轮廓线为止，不要超出图形轮廓线

三、字体

图纸上所需书写的文字、数字或符号等，均应笔画清晰、字体端正、排列整齐；标点符号应清楚正确。

（一）汉字

图样及说明中的汉字，宜采用长仿宋体，同一图纸字体种类不应超过两种。长仿宋体的高度系列与宽度的关系应符合表 1-4 的规定。大标题、图册封面所用汉字以及地形图中的汉字等可以采用其他字体，但应易于辨认，其宽高比宜为 1。

长仿宋体的书写要领是：横平竖直，注意起落，填满字格，结构匀称。基本笔画与字体结构见表 1-5 和表 1-6。

表 1-4　长仿宋体高度系列以及宽度关系 　　　　　　　　　　　　mm

字体高度	3.5	5	7	10	14	20
字宽	2.5	3.5	5	7	10	14

表 1-5　长仿宋体的基本笔画

笔画	点	横	竖	撇	捺	挑	折	钩
形状								
运笔								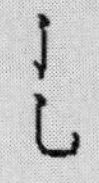

表 1-6　长仿宋体的结构特点

字体	梁	板	门	窗
结构	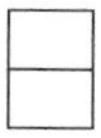	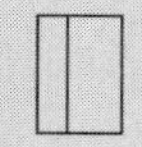	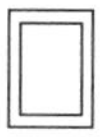	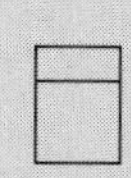
说明	上下等分	左小右大	缩格书写	上小下大

（二）拉丁字母和数字

图样及说明中的拉丁字母、阿拉伯数字与罗马数字，宜采用 True Type 字体中的 Roman 字体。如需写成斜体字，其斜度角度为 75°。小写字母应为大写字母高的 7/10，如图 1-10 所示。

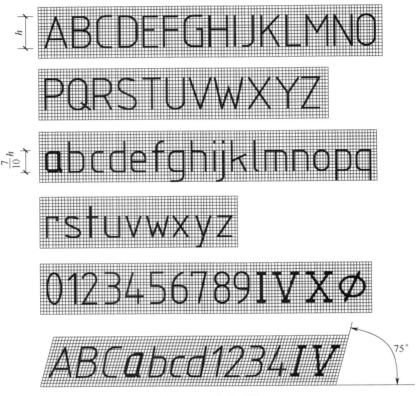

图 1-10　字体示例

四、比例

比例是图形与实物相对应的线性尺寸之比。比例用阿拉伯数字表示，1：1 表示图形大小与实物大小相同，1：100 表示 100 mm 实物在图样中只画成 1 mm，称为缩小比例；而 100：1 表示 1 mm 的实物在图样中画成 100 mm，称为放大比例。

比例一般注写在图名的右侧，字的基准线应取平，比例字高宜比图名小一号或两号，如图 1-11 所示。

平面图 1:100　　　（5）　1:100

图 1-11　比例的注写

绘图所用的比例，应根据图样的用途与被绘对象的复杂程度从表 1-7 中选用，并优先选用表中的常用比例。

表 1-7　绘图所用的比例

常用比例	1：1, 1：2, 1：5, 1：10, 1：20, 1：50, 1：100, 1：150, 1：200, 1：500, 1：1 000, 1：2 000
可用比例	1：3, 1：4, 1：6, 1：15, 1：25, 1：30, 1：40, 1：60, 1：80, 1：250, 1：300, 1：400, 1：600, 1：5 000, 1：10 000, 1：20 000, 1：50 000, 1：100 000, 1：200 000

一般情况下，一个图样应选用一种比例。特殊情况下也可自选比例，这时除应注出绘图比例外，还必须在适当位置绘制出相应的比例尺。

五、尺寸标注

在图样中，除了按比例画出物体图形外，还必须标注完整的尺寸。不管图形的比例如何，标注的尺寸必须是物体的实际尺寸，与所画图形的准确度无关。除标高及总平面图以米（m）为单位外，其他图样均以毫米（mm）为单位，此时在图纸上不必注写尺寸单位。

（一）尺寸的组成

一个完整的尺寸标注由尺寸线、尺寸界线、尺寸起止符号和尺寸数字四要素组成，如图 1-12 所示。

1. 尺寸线

尺寸线用中实线画出，一般与所注尺寸的方向平行。标注圆弧半径时，尺寸线应通过圆心，见表 1-8 的圆标注示例。尺寸线一般不超出尺寸界线。

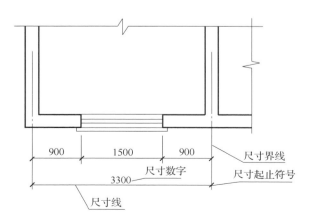

图 1-12　尺寸标注四要素

2. 尺寸界线

尺寸界线用中实线画出，与尺寸线垂直，末端超出尺寸线约 2 mm。特别情况下，允许以轮廓线及中心线作为尺寸界线。

3. 尺寸起止符号

尺寸起止符号采用与尺寸界线成顺时针倾斜 45°的中粗斜短实线画出，长度 2 ~ 3 mm。半径、直径、角度、弧长的尺寸起止符号宜用箭头表示，也可以用黑色圆点绘制，其直径宜为 1 mm。半径、角度等可以用箭头作为尺寸起止符号，箭头的形式如图 1-13 所示。

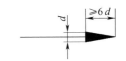

图 1-13　尺寸箭头的形式与大小
d——粗实线的宽度

4. 尺寸数字

尺寸数字的高度一般为 3.5 mm，最小不小于 2.5 mm。注写尺寸数字的读数方向见表 1-8，不得倒写。

（二）尺寸标注示例

尺寸标注示例见表 1-8。

表 1-8　尺寸标注示例

标注内容	示例	说明
线性标注的数字方向	a) 30° 22 22 22 22 22 22 22 22 22 30° b) 20 20 20 c) 40 30 28	1. 尺寸数字应按图 a 所示方向注写，并尽可能避免在图示 30° 范围内标尺寸。当无法避免时，可按图 b 的形式标注 2. 在不致引起误解时，对于非水平方向的尺寸，其数字可水平地标注在尺寸线的中断处，如图 c 所示 3. 一张图纸中，应尽可能采用同一种方法标注，一般采用图 a、图 b 所示方法标注
圆	φ32	标注圆的直径尺寸，应在数字前加"φ"，数字要沿着直径尺寸线写，尺寸起止符号为箭头

续表

标注内容	示例	说明
圆弧	R32 R24	标注圆弧半径尺寸，应在数字前加"R"，尺寸线必须从圆心画起或对准圆心，数字要沿着半径尺寸线来写，尺寸起止符号为箭头
大圆弧	R80 R78 a) b)	在图纸范围内无法标注圆心位置时，可对准圆心画一折线或断开的半径尺寸线
小尺寸	400 400 3000 600 1100 400 200 400 a) R15 R15 R15 b) φ18 φ18 φ18 c)	没有足够位置时，起止符号可画在外面，或用小圆点代替。尺寸数字可写在外面或引出标注 圆和圆弧的小尺寸，可按图 b、图 c 所示方法标出
球面	Sφ38 a) SR34 b)	标注球尺寸时，球直径、半径代号前加写拉丁字母"S"，起止符号为箭头
角度	90° 75°30′ 7°30′ 7° 30° 30° 15° 105°	尺寸界线应沿径向引出，尺寸线画成圆弧，圆心是角的顶点，起止符号为箭头 尺寸数字一律水平注写
弧长弦长	50 R48 a) 48 R48 b)	尺寸界线应平行于弦的垂直平分线。标注弧长时，尺寸线用圆弧，尺寸数字上方应加注圆弧符号

标注内容	示例	说明
坡度标注		标注坡度时，应沿坡度画下坡的箭头（也可以画成半箭头），在箭头的上方注写坡度数字
连续等间距标注		多个间距相等的连续尺寸，如楼梯级，可用乘积的形式标注。构件较长时，可把相同部分截取一段移出并画上断开界线
单线图尺寸标注		钢筋、管线等的单线图，可把长度尺寸数字相应地沿着杆件或线路的一侧来写，不画尺寸界线、尺寸线和起止符号
非圆曲线标注		当建筑构件或配件的轮廓为非圆曲线时，可采取坐标的形式标注曲线上的有关尺寸；当标注曲线上各点的坐标时，将尺寸线的延长线作为尺寸界线
对称图形标注		对称图形可以只画出一半或一半多一点的图形。标注整体尺寸时，尺寸线只在一端画上起止符号，另一端略超过对称中心线，并在对称中心线上画出对称符号

第
三
节

SECTION 3
平面图形的画法

一、几何作图

复杂的工程图样都是由各种几何图形组合而成的。绘制几何图形应根据已知条件，运用几何学原理和作图方法，用绘图工具准确地画出来。

（一）等分线段

运用试分法可以等分已知线段。如图 1-14 所示是五等分线段 *AB* 的作图方法。

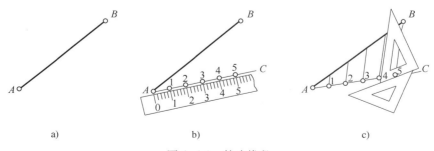

a)　　　　　　　　b)　　　　　　　　c)

图 1-14　等分线段

a）已知直线段 *AB*　b）过点 *A* 作任意直线 *AC*，用尺子在 *AC* 上从点 *A* 起截取任意长度的五等分，
得点 1、2、3、4、5　c）连 *B*5，过其他点分别作直线平行于 *B*5，交 *AB* 于四个等分点，即为所求

（二）等分两平行线之间的距离

如图 1-15 所示是三等分两平行线 AB、CD 之间距离的作图方法。

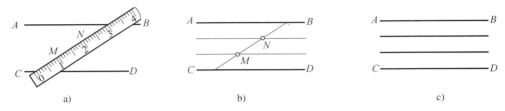

图 1-15　等分两平行线之间的距离

a）使直尺刻度线上的 0 点落在 CD 线上，转动直尺，使直尺上的 3 点落在 AB 线上，取等分点 M 和 N

b）过 M、N 点分别作已知直线段 AB、CD 的平行线

c）清理图面，加深图线，即得所求的三等分 AB 与 CD 之间距离的平行线

（三）正多边形

正多边形可用分规试分法等分外接圆的圆周后作出，也可以使用绘图工具，如三角板、丁字尺、圆规、分规等配合作图，画出正多边形。表 1-9 介绍的是常用的几种正多边形的作图方法。

表 1-9　正多边形作图方法示例

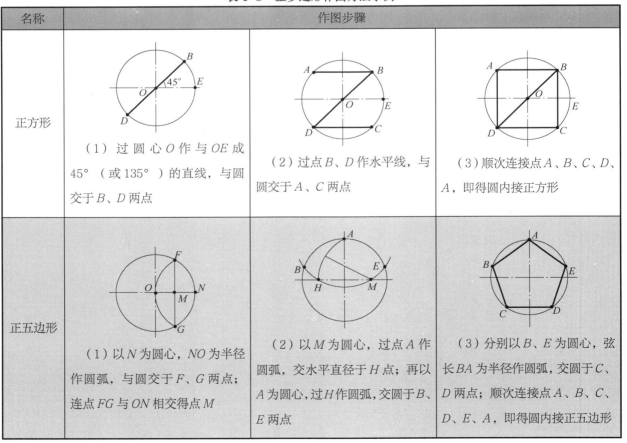

名称	作图步骤		
正方形	（1）过圆心 O 作与 OE 成 45°（或 135°）的直线，与圆交于 B、D 两点	（2）过点 B、D 作水平线，与圆交于 A、C 两点	（3）顺次连接点 A、B、C、D、A，即得圆内接正方形
正五边形	（1）以 N 为圆心，NO 为半径作圆弧，与圆交于 F、G 两点；连点 FG 与 ON 相交得点 M	（2）以 M 为圆心，过点 A 作圆弧，交水平直径于 H 点；再以 A 为圆心，过 H 作圆弧，交圆于 B、E 两点	（3）分别以 B、E 为圆心，弦长 BA 为半径作圆弧，交圆于 C、D 两点；顺次连接点 A、B、C、D、E、A，即得圆内接正五边形

续表

名称	作图步骤		
正六边形	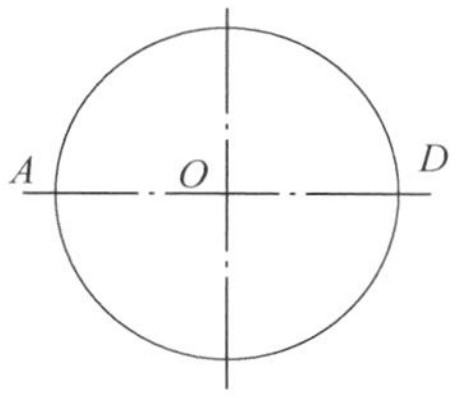 （1）确定点 A、D 以及圆心 O	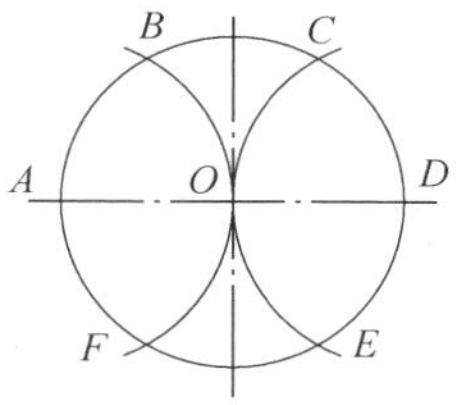 （2）分别以 A、D 为圆心，AO、DO 为半径作圆弧，与圆交于点 B、C、E、F	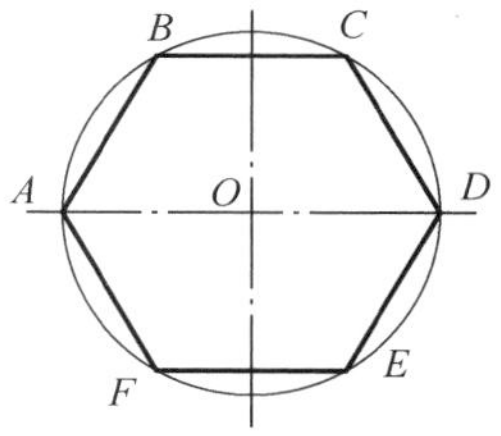 （3）顺次连接点 A、B、C、D、E、F、A，即得圆内接正六边形
正七边形	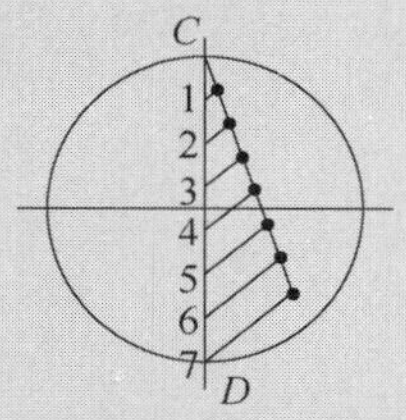 （1）将直径 CD 分为七等分（因作正七边形），等分方法见前述	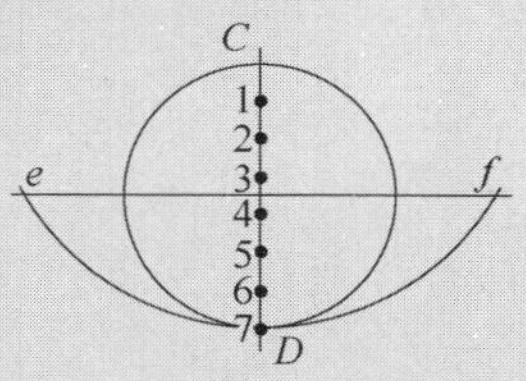 （2）以 C 为圆心，以 $R=CD$ 为半径画弧，交中心线于 e、f 两点	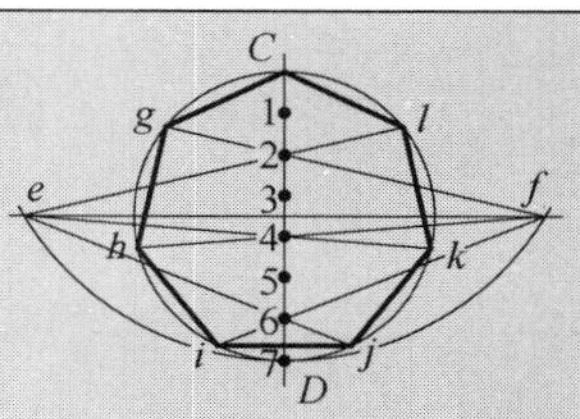 （3）分别自 e、f 两点连 CD 上双数等分点，与圆周交于 g、h、i、j、k、l 各点，连接 Cg、gh、hi、ij、jk、kl、lC，即得圆内接正七边形

二、圆弧连接

　　用一圆弧光滑地连接直线与直线、直线与圆弧、圆弧与圆弧的作图方法称为圆弧连接；用来连接直线或圆弧的圆弧称为连接弧，切点称为连接点。为了使线段能准确连接，作图时，必须求出连接弧的圆心和切点的位置。表 1-10 列举了常见圆弧连接的画法。

表 1-10　常见圆弧连接的画法

名称	作图步骤		
两相交直线圆弧连接	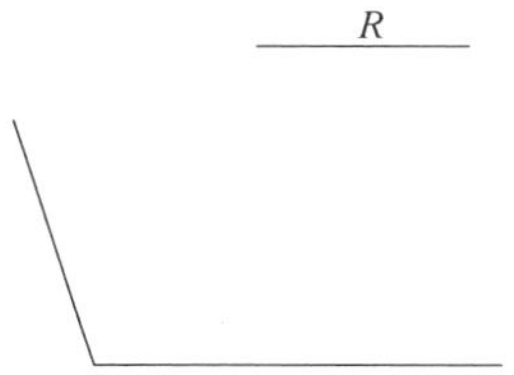 （1）用半径为 R 的圆弧连接两相交直线	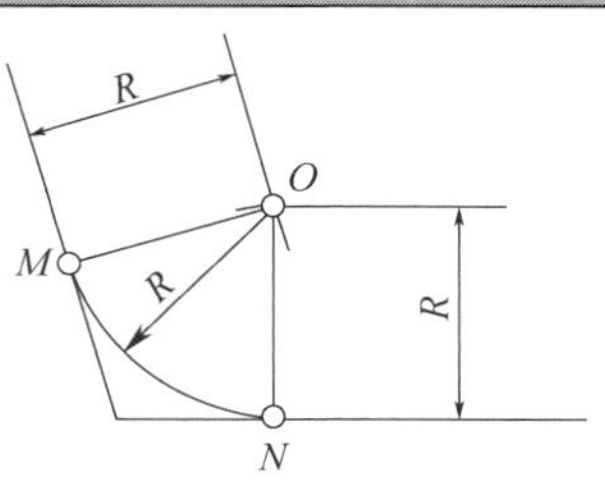 （2）分别作距两直线为 R 的平行线，交于点 O。以 O 为圆心、R 为半径画弧，交于切点 M、N	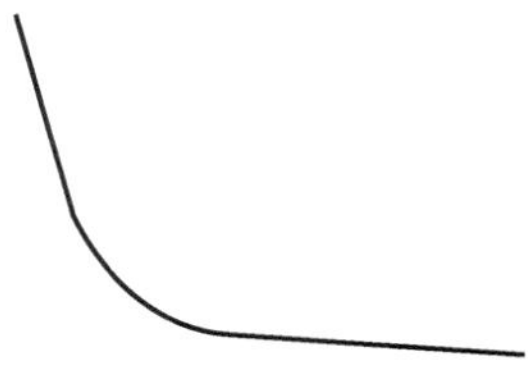 （3）清理图面，加深图线，作图结果如上图所示

续表

名称	作图步骤		
两圆弧外切圆弧连接	（1）用半径为 R 的圆弧连接其他两圆弧，使它们同时外切	（2）分别以 O_1、O_2 为圆心，$R+R_1$、$R+R_2$ 为半径画弧，交于点 O。以 O 为圆心、R 为半径画弧，交于切点 A、B	（3）清理图面，加深图线，作图结果如上图所示
两圆弧内切圆弧连接	（1）用半径为 R 的圆弧连接其他两圆弧，使它们同时内切	（2）分别以 O_1、O_2 为圆心，$R-R_1$、$R-R_2$ 为半径画弧，交于点 O。以 O 为圆心、R 为半径画弧，交于切点 A、B	（3）清理图面，加深图线，作图结果如上图所示
圆弧与直线相切、与圆弧外切	（1）用半径为 R 的圆弧连接一直线和一圆弧，使圆弧外切	（2）作与直线距离为 R 的平行线；以 O_1 为圆心、$R+R_1$ 为半径画弧，交平行线于点 O。以 O 为圆心、R 为半径画弧，交直线于点 A 和圆弧切点 B	（3）清理图面，加深图线，作图结果如上图所示

三、平面图形的绘图方法和步骤

平面图形是由若干线段所围成的，而线段的形状与大小是根据给定的尺寸确定的。构成平面图形的各种线段中，有些线段的尺寸是已知的，可以直接画出；有些线段的尺寸条件不足，需要用几何作图的方法才能画出。因此，作图前必须对平面图形进行分析。

现以图 1-16a 衣帽钩形状的平面图形为例，介绍平面图形的绘图方法与步骤。

平面图形根据尺寸的完整性分为已知线段、中间线段和连接线段三类。通常按先画已知线段，再画中间线段，最后画连接线段的步骤来绘图。

（一）画出已知线段

如图 1-16b 所示，已知线段是图样的形状尺寸、位置尺寸都完整的线段，即线段或图形的形状、位置清晰。

（二）画出中间线段

如图 1-16c 所示，中间线段是形状尺寸完整、缺少一个位置尺寸、需要依靠图形的几何关系才能画出的线段。

（三）画出连接线段

连接线段是形状尺寸完整、缺少位置尺寸、需要依靠图形的几何关系（如两端相切或相接等条件）才能画出的线段。

1. 利用相切关系画出衣帽钩的弯臂线段，如图 1-16d 所示。

2. 利用相切关系画出衣帽钩下边圆弧，如图 1-16e 所示。

（四）整理图形，加深图线

如图 1-16f 所示，整理图形，如需标注尺寸，参照图 1-16a 标注即可。

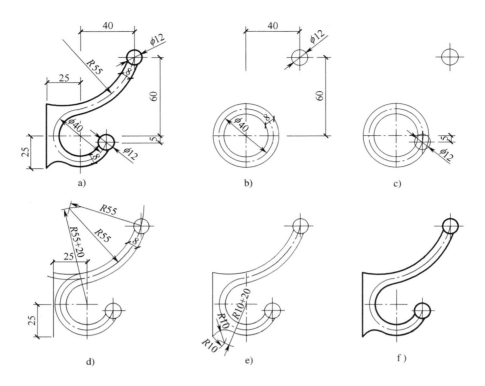

图 1-16　绘制衣帽钩形状的平面图形

第四节 | SECTION 4
手绘草图

一、草图的作用和要求

草图是不借助绘图工具，按目测比例徒手画出的图样。手绘草图是技术人员在构思、现场测绘以及技术交流时必须熟练掌握的基本技能。只有经过不断实践，才能逐步提高徒手绘图的水平。

二、草图的画法

（一）直线与斜线

画直线时，眼睛看着图线的终点，用力均匀，一次画成，如图 1-17 所示。画较长的直线时，也可以用目测方法在直线中间定出几个点，然后分段画。

图 1-17　徒手画直线

对于 30°、45°、60° 等常见角度线，可根据两直边的比例关系，定出两端点，然后连接两点即可画出。如画 10°、15° 等角度线，可先画出 30° 角后，再等分求得，如图 1-18 所示。

等分线段时，根据等分数的不同，通过目测先分成相等或成一定比例的两（几）大段，然后再逐步分成符合要求的多个相等小段，如图 1-19 所示。

（二）圆

画圆时，先徒手作两条互相垂直的中心线，定出圆心，再根据直径大小，通过目测估计半径大小，在中心线上截得四点，然后徒手将各点连接成圆。当所画的圆较大时，可以通过圆心多作几条不同方向的直径线，在中心线和直径线上目测定若干点后，再连成圆，如图 1-20 所示。

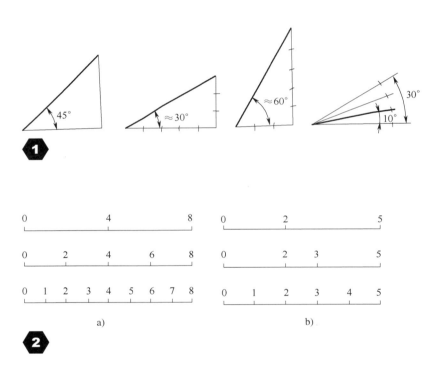

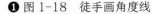

❶ 图 1-18　徒手画角度线
❷ 图 1-19　徒手画等分线段
a）八等分　b）五等分
❸ 图 1-20　徒手画圆

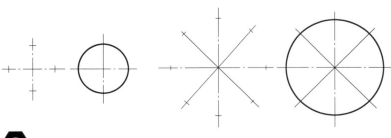

（三）椭圆

根据椭圆的长短轴，目测定出其端点位置，过四个端点画一矩形，徒手作椭圆与此矩形相切，如图 1-21 所示。

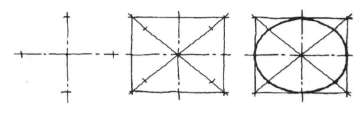

图 1-21　徒手画椭圆

三、草图示例

图 1-22 为某台阶的草图示例。图中①②③三个图形为正投影图[①]，立体草图④为正等轴测图[②]。

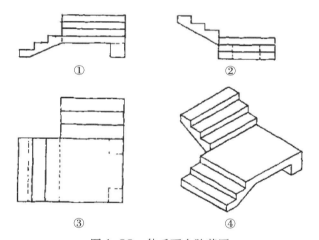

①　　　　　　　　　　②

③　　　　　　　　　　④

图 1-22　徒手画台阶草图

---

① 正投影图相关知识将在第二章介绍。
② 正等轴测图相关知识将在第三章介绍。

思考与练习

1. 填空题

（1）建筑物或构筑物的地坪线、剖切位置线用_____；剖面图中被剖切部分的轮廓线用_____；尺寸界线、尺寸线用_____；引出线用_____；图例线用_____。

（2）不可见轮廓线用_____。

（3）不画出图样全部时的断开线用_____。

（4）中心线、对称线、定位轴线用_____。

（5）粗实线的线宽是 0.5 mm，细实线的线宽是_____mm。

（6）一个完整的尺寸标注由_____、_____、_____和尺寸数字四要素组成。

（7）尺寸界线用细实线画出，与尺寸线_____，末端超出尺寸线约_____mm。

（8）尺寸起止符号采用与尺寸界线成_____倾斜 45° 的中短实线画出，长度约_____mm。

（9）尺寸数字的高度一般为_____mm，最小不小于_____mm。

（10）平面图形根据尺寸的完整性分为_____、_____、连接线段三类。通常按先画_____，再画_____，最后画_____的步骤来绘图。

2. 作图题

（1）根据国家标准的规定，绘画 A3 图框和标题栏，并按要求填写标题栏。

（2）图线练习。

（3）按1：1的比例抄画以下图样与尺寸标注。

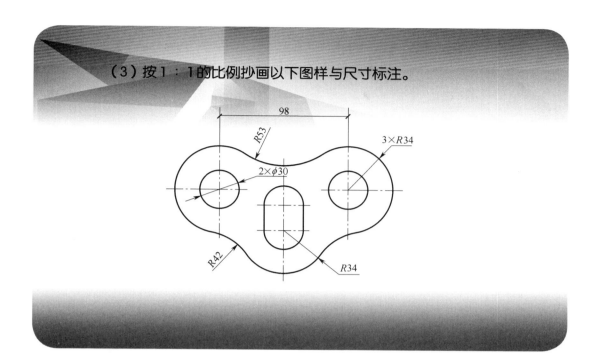

第二章

投影基础

学习目标

1. 了解投影的概念及分类

2. 了解室内设计常用的图示方法

　　室内设计制图的基本要求是在一个平面上准确地表达物体的几何形状和尺度。室内设计所用的图样都是按照一定的投影方法绘制出来的。

　　投影原理和投影方法是绘制投影图的基础。只有掌握了投影原理和投影方法，才能绘制和识读各种室内设计图样。

第一节

SECTION 1
投影的概念及分类

一、投影的概念

　　空间物体在太阳光或灯光的照射下，会在地面或墙面投射下影子，这些影子只能反映出物体的大致外轮廓，无法反映出物体表面的形态，如棱面、棱线等，如图 2-1a 所示。如果把形成影子的条件抽象化，光源看成投影中心、光线看成投射线、地面与墙面看成投影面，这时，把通过物体表面的各个顶点和棱线的投射线与投影面的点连接起来，在投影面就可以得到物体的投影，如图 2-1b 所示。

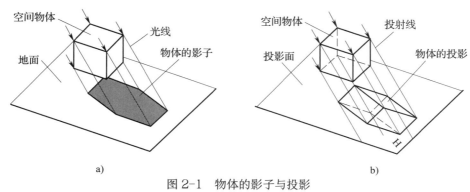

图 2-1　物体的影子与投影

a）物体的影子　b）物体的投影

投影法就是投射线通过物体，向选定的面进行投射，并在该面上得到图形的方法，如图 2-2 所示。投射中心就是所有投射线的起源点。投射线就是发自投射中心且通过被表示物体上各点的直线。投影面就是投影法中得到投影的面。投影（投影图）就是根据投影所得到的图形。

二、投影的分类

（一）中心投影法

投射线从投射中心发射对物体做投影的方法称为中心投影法，如图 2-3 所示。投射线汇交成一点，即投射中心。中心投影法的特点有：

1. 如平行移动物体，即改变物体与投射中心或投影面之间的距离、位置，则其投影的大小也随之改变，度量性较差。

2. 在投射中心确定的情况下，空间的一个点在投影面上只存在唯一一个投影。

（二）平行投影法

投射线相互平行的投影法称为平行投影法，如图 2-4 所示。平行投影法又分为正投影法和斜投影法两种。

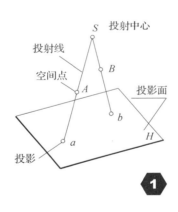

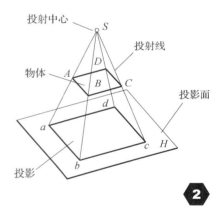

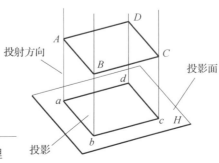

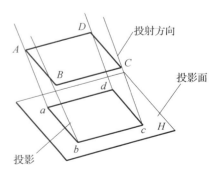

❶ 图 2-2　投影法的原理
❷ 图 2-3　中心投影法
❸ 图 2-4　平行投影法
a）正投影法　b）斜投影法

1. 正投影法

投射线与投影面相互垂直的平行投影法称为正投影法。室内设计制图主要用正投影图，因为这种投影图能准确地表达物体的真实形状和大小，作图比较方便。

2. 斜投影法

投射线与投影面相倾斜的平行投影法称为斜投影法。斜投影法常用于绘制物体的立体图，其特点是直观性强，但作图比较麻烦。

三、室内设计常用的图示方法

（一）正投影图示方法

正投影图示方法是运用平行正投影原理绘制图样的方法，所绘制的图样称为正投影图。正投影图把物体向两个或两个以上互相垂直的投影面上进行投射，再按一定的规律将其展开到一个平面上。这种图样能真实、准确地反映物体的形状和大小，作图方便，度量性好，但立体感差，不易看懂。

正投影图广泛应用于工程上，是最主要的工程图样，如图 2-5 所示。

（二）轴测投影图示方法

轴测投影图示方法是运用平行投影原理，向单一投影面进行物体投射的绘图方法，所绘制的图样称为轴测图，如图 2-6 所示。这种图样立体感强，可度量，但难以表达复杂的形体。在室内设计中，轴测图主要用于家具设计、室内布置设计等方面，也常用于辅助说明某些节点的具体结构。

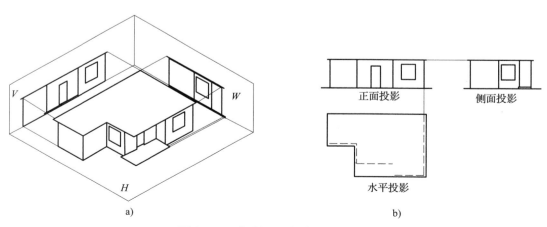

图 2-5 正投影图示方法与正投影图

a）正投影图示方法 b）三面正投影图示例

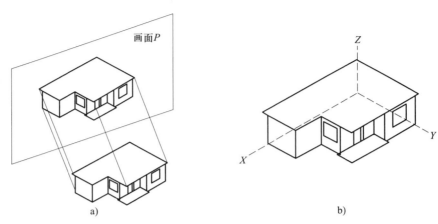

图 2-6　轴测投影图示方法与轴测投影图示例
a）轴测投影图示方法　b）轴测图示例

（三）透视投影图示方法

透视投影图示方法是运用中心投影原理绘制图样的方法，所绘制的图样称为透视图，如图 2-7 所示。这种图样形象逼真，立体感强，符合人的视觉习惯，但制图复杂，度量性差，不能作为施工的依据。在室内设计中主要用于设计方案的效果表达，能让人们感受设计的意境和效果。本教材不做具体介绍。

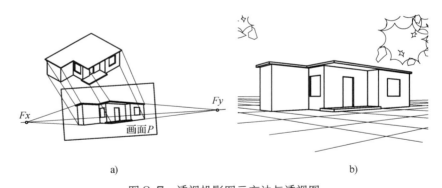

图 2-7　透视投影图示方法与透视图
a）透视投影图示方法　b）透视图示例

SECTION 2
三面正投影

在实践中发现，物体的一个投影往往不能唯一地确定物体的形状，如图 2-8 所示。因此，通常将物体向两个或两个以上互相垂直的投影面进行正投影。当物体在互相垂直的两个或多个投影面得到正投影后，将这些投影面旋转展开到同一图面上，使该物体的各正投影图有规则地配置，并相互之间形成对应关系，便可以真实地呈现物体的形状。

一、三面投影组成

用正投影图表达物体形状时，假想把物体放在一个由投影平面组成的投影空间内，这个投影空间称为投影面体系。可以由两个投影平面组成两面投影体系，也可以由三个投影平面组成三面投影体系，如图 2-9 所示。

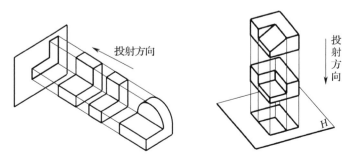

图 2-8 利用单面视图无法确定物体的空间形状

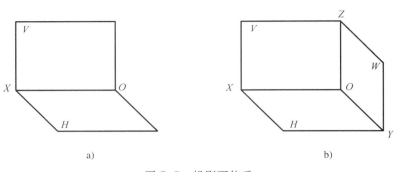

图 2-9　投影面体系
a）两面投影体系　b）三面投影体系

两面投影体系中竖直的投影面称为正面投影面，用 V 表示；水平放置的投影面与正面投影面垂直，称为水平投影面，用 H 表示；两投影面的交线称为投影轴，用 OX 表示。

三面投影体系是在两面投影体基础上，增加了一个与正面投影面 V、水平投影面 H 均垂直的第三个投影面，称为侧面投影面，用 W 表示；它与 V、H 投影面的交线分别是 OZ 轴和 OY 轴。三个投影轴的交点 O，称为原点。

二、物体在投影面体系中的投影

物体放在三面投影体系中进行投射，其投影的形成如图 2-10a 所示，分别在三个投影面得到一个对应的投影图。在 V 面的投影图称为正面投影，在 H 面的投影图称为水平投影，在 W 面的投影图称为侧面投影。

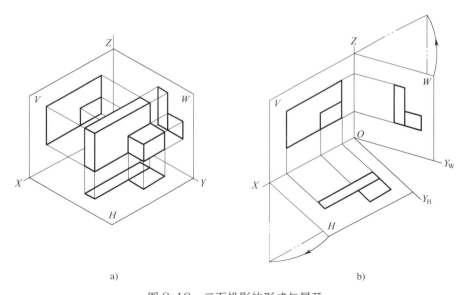

图 2-10　三面投影的形成与展开
a）三面投影的形成　b）三面投影的展开

把三个相互垂直的投影面展开到同一平面上，如图 2-10b 所示，V 面不动，H 面绕 OX 轴向下旋转 90°，与 V 面重合；W 面绕 OZ 轴向右旋转 90°，与 V 面重合，这样三个投影就展现在同一平面上，如图 2-11a 所示。

投影面体系是假设的，实际并不存在，所以投影面的边界线及投影轴的位置和立体的形状，在画图时均可省略，只画出立体的三个投影即可，如图 2-11b 所示。

从图 2-11a 可以看出，正面投影反映物体的长和高，水平投影反映物体的长和宽，侧面投影反映物体的宽和高。显然，正面投影和水平投影反映的长是相等的。依此类推，投影之间存在长相等、宽相等、高相等的关系，称为正投影"三等"原则。为保证三个相等，画图时要做到长对正、高平齐、宽相等。三面投影画图时，要保证"宽相等"，如图 2-11b 所示，利用 45° 斜线完成画图。

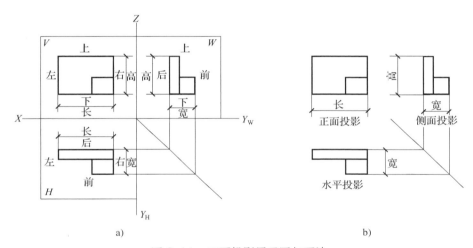

图 2-11　三面投影展开图与画法

a）三面投影展开图　b）三面投影画法

第三节

SECTION 3
直线与平面的正投影特征

一、正投影法的特性

正投影法是工程实践中使用最广泛的一种投影方法，是制图与识图的理论基础。正投影法的特性主要有：

（一）真实性

当直线或平面图形平行于投影面时，在投影面上的投影反映线段的实长或平面图形的实形，又称为显实性，如图 2-12 所示。

（二）积聚性

当直线或平面图形垂直于投影面时，在投影面上积聚成一点或一直线，如图 2-13 所示。

（三）类似性

当直线或平面图形倾斜于投影面时，其投影不反映实形，而是实形的类似形，即形状相近、顶点边数不改变，如图 2-14 所示。

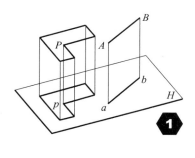

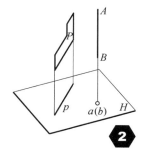

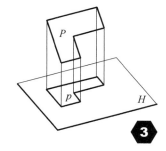

❶ 图 2-12 真实性
❷ 图 2-13 积聚性
❸ 图 2-14 类似性

（四）从属性

当点在直线或平面上，点的投影也在直线或平面的投影上。如图 2-15 所示，过点 I 的投影线必位于该直线 EF 投影所决定的投影平面内，所以直线上点的投影必在直线的投影上。

（五）等比性

一条直线的两段之比等于其投影之比。如图 2-15 所示，点 I 将线段 EF 分为 EI、IF 两段，因为 Ee// I1//Ff，所以 EI:IF=eI:If。

（六）平行性

如果两条直线平行，其投影也必平行。如图 2-16 所示，因为过两直线的投射平面平行，所以其投影平行。

❶ 图 2-15 从属性、等比性
❷ 图 2-16 平行性

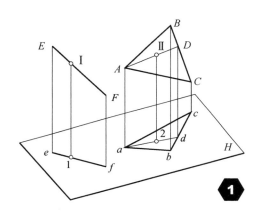

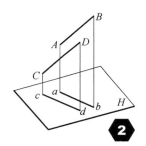

二、直线的正投影特征

（一）平行线

平行线即平行于某个投影面，与其他两个投影面倾斜的直线。平行线中，平行于 *H* 面的直线称为水平线，平行于 *V* 面的直线称为正平线，平行于 *W* 面的直线称为侧平线。各种平行线的正投影特征见表2-1。

表2-1　各种平行线的正投影特征

	水平线	正平线	侧平线
直观图			
投影图			
特征	1.在平行投影面的投影，反映该线段的实长及其与其他两投影面的倾角大小		
	2.在其余两个投影面的投影，分别是水平线段或垂直线段		

（二）垂直线

垂直线即垂直于某个投影面，与其他两个投影面平行的直线。垂直线中，垂直于 *H* 面的直线称为铅垂线，垂直于 *V* 面的直线称为正垂线，垂直于 *W* 面的直线称为侧垂线。各种垂直线的正投影特征见表2-2。

表2-2　各种垂直线的正投影特征

	铅垂线	正垂线	侧垂线
直观图			

续表

	铅垂线	正垂线	侧垂线
投影图	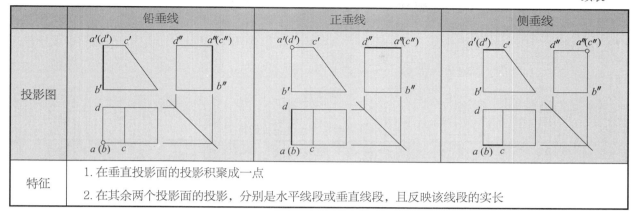		
特征	1. 在垂直投影面的投影积聚成一点 2. 在其余两个投影面的投影，分别是水平线段或垂直线段，且反映该线段的实长		

（三）一般线

一般线即与各投影面均倾斜的直线。一般线的三面投影均不反映实长，且小于实长，因而其度量性比较差，如图 2-17 所示。

图 2-17　一般线的投影
a）直观图　b）三面投影图

三、平面的正投影特征

（一）平行面

平行面即平行于某一投影面，且垂直于其他两个投影面的平面。平行面中，平行于 H 面的平面称为水平面，平行于 V 面的平面称为正平面，平行于 W 面的平面称为侧平面。各种平行面的正投影特征见表 2-3。

表 2-3　各种平行面的正投影特征

	水平面	正平面	侧平面
直观图			
投影图			
特征	1. 在平行投影面的投影，反映该平面的实形 2. 在其余两个投影面的投影，分别是水平线段或垂直线段		

（二）垂直面

垂直面即垂直于某一投影面，且倾斜于其他两个投影面的平面。垂直面中，垂直于 H 面的平面称为铅垂面，垂直于 V 面的平面称为正垂面，垂直于 W 面的平面称为侧垂面。各种垂直面的正投影特征见表 2-4。

表 2-4　各种垂直面的正投影特征

	铅垂面	正垂面	侧垂面
直观图			
投影图			
特征	1. 在垂直投影面的投影，积聚成一线段，且反映该平面与其他两个投影面的倾角大小 2. 在其余两个投影面的投影，分别是比实形小的类似形		

（三）一般面

一般面即与各投影面均倾斜的平面。一般面的正投影均不反映实形，面积比实形小，度量性差，是实形的类似形。因此，在作图时，通常把一般面的投影放在最后，利用投影对应关系求出，如图 2-18 所示。

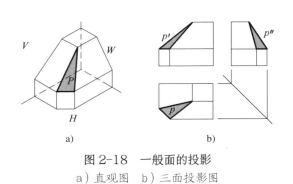

图 2-18　一般面的投影
a）直观图　b）三面投影图

思考与练习

1. 问答题

（1）室内工程常见的图示方法有哪些?

（2）投影有哪三种方法?

（3）正投影的特性有哪些?

（4）平行线、垂直线的正投影分别有哪些特征?

（5）平行面、垂直面的正投影分别有哪些特征?

2. 填空题

（1）判断下列直线与投影面的相对位置，并填写直线类型。

ab 是_____线；*ef* 是_____线；

cd 是_____线；*kl* 是_____线。

（2）在室内设计中，轴测图主要用于_____、_____等方面，也常用于辅助说明某些节点的具体结构。

第三章

形体正投影和轴测投影

学习目标

1. 了解形体正投影的投影特征和方法

2. 了解形体轴测投影的投影特征和方法

3. 能熟练绘制正投影图和轴测图

在工程上常用正投影图表达形体。正投影图作图简单，度量性好，能准确确定形体的形状和大小，但是图形不直观，缺乏识图训练的人难以看懂。针对正投影图存在的不足，可以用轴测图作为表达设计思想的辅助图样，轴测图既可以了解物体的形态，又可以掌握形体的尺度。

第一节 SECTION 1 几何体的正投影

一、基本体的正投影

通常把简单又有规则的几何体称为基本几何体，也称为基本体。基本体的形状由其表面所决定，按其表面性质不同可分为直面基本体和曲面基本体。直面基本体的表面全部都是平面，如棱柱、棱锥；曲面基本体的表面则部分或全部是曲面，如圆柱、圆锥、球、圆环等，如图 3-1 所示。

a)　　　　　　　　　　b)

图 3-1　基本体

a）直面基本体　b）曲面基本体

（一）柱体

1. 棱柱

棱柱各表面均为多边形，称为棱面，棱面的数量与底面边数相等，各棱面的交线称为棱线，棱线与棱线的交点称为顶点。棱线垂直于底面的，称为正棱柱；棱线与底面倾斜的，称为斜棱柱，如图 3-2 所示。

棱柱通常以底面的边数命名，如底面是三边形，即称为正三棱柱或斜三棱柱。

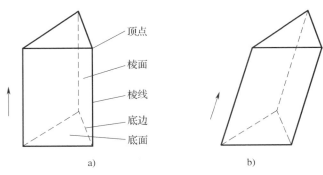

图 3-2 棱柱的构成与类别

a）正三棱柱 b）斜三棱柱

（1）棱柱的投影特征

以图 3-3a 所示正五棱柱的投影为例，其上下底面均为水平面，水平投影重合且反映实形，在正面和侧面投影积聚成一条水平线段。正五棱柱的后棱面是正平面，其正面投影反映实形，其水平与侧面投影分别积聚成与 OX、OZ 平行的线段。其他 4 个棱面都是铅垂面，其水平投影积聚为倾斜于 OX 的直线段，其正面和侧面投影均为矩形，但不反映实形。

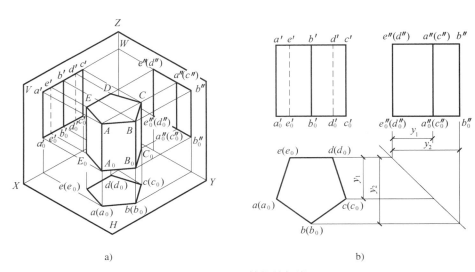

图 3-3 正五棱柱的投影

a）直观图 b）投影图

（2）棱柱的投影画法

先画出反映棱柱特征的正五边形底面的水平投影，然后再按投影关系和棱柱的高度画出其他两面投影，如图 3-3b 所示。

画棱柱和其他形体的投影图时，不必画出投影轴，各投影面之间的间隔可任意选定，投影面之间的投影关系必须遵守长对正、宽相等、高平齐的正投影"三等"原则（水平投影和侧面投影之间可以利用 45° 辅助线建立关系）。

［例 3-1］画出如图 3-4a 所示五棱柱（小屋）的三面投影。

［分析］

轴测图所示为倒放的五棱柱，两底面平行于侧面，反映实形。另有一棱面平行于水平面，反映实形（矩形）。

［作图］如图 3-4b 和图 3-4c 所示。

1）根据平行面特性，画出五棱柱水平和侧面投影的实形。

2）利用 45° 辅助线建立水平面和侧面"宽相等"的关系。

3）运用正投影"三等"原则，画出正面投影，补画出水平面一棱边投影。

4）加深图线，修正不可见棱边投影的线型。

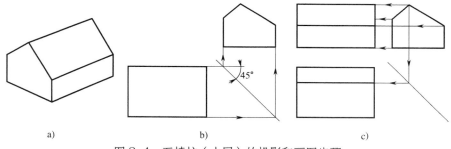

图 3-4 五棱柱（小屋）的投影和画图步骤

a）轴测图 b）作图过程 c）完成作图

2. 圆柱

圆柱、圆锥、球是曲面基本体，由于这种形体的曲表面可以看成是由直线或曲线围绕某中心轴运动所形成的，所以又称为回转体。产生曲面的动线称为母线，母线在曲面的任一位置称为素线，母线上任意点的运动轨迹称为纬圆，母线绕着作回转运动的固定直线称为回转轴线，如图 3-5a 所示。

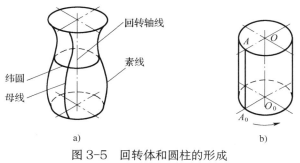

图 3-5 回转体和圆柱的形成

a）回转体 b）圆柱

回转体的表面是光滑曲面，通常只画出曲面的可见部分与不可见部分的分界线，即素线的投影。

由回转体的形成可知，圆柱面可看成是直母线 AA_0 绕与其平行的轴线 OO_0 作回转运动而形成的。圆柱面上的任意一条与轴平行的直线，称为圆柱面的素线。圆柱面与上下两底面共同围合，形成了圆柱体（简称圆柱），如图 3-5b 所示。

（1）圆柱的投影特征

当圆柱体在投影体系中的位置一经确定，它对各投影面的投影轮廓也随之确定。

如图 3-6 所示，圆柱的轴线垂直于水平面，则两底面互相平行且平行于水平面，投影重合并反映实形；圆柱面垂直于水平面，积聚为圆形。

圆柱的正面投影为一矩形，其上下两边是圆柱上下底面的积聚投影，左右两边则是圆柱面的左右两条素线 AB、CD 的投影；矩形边线框表示前半圆柱面与后半圆柱面的重合投影。侧面投影也是一个矩形，其上下两边是圆柱上下底面的积聚投影，左右两边则是圆柱面的左右两条素线 EF、GH 的投影；矩形边线框表示左半圆柱面与右半圆柱面的重合投影。

（2）圆柱表面求点和线

1）圆柱表面求点

圆柱表面的点必定在圆柱的一条素线或一个纬圆上。当圆柱表面具有积聚投影时，圆柱表面上点的投影必在圆柱表面的积聚投影上。

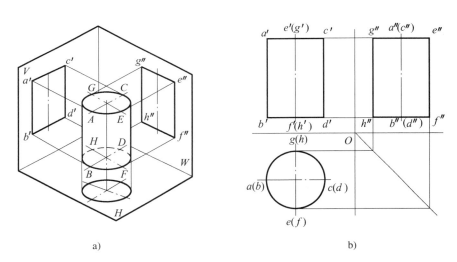

a）   b）

图 3-6　圆柱体的投影

a）直观图　b）投影图

［例 3-2］如图 3-7a 所示，已知圆柱表面上点 M 的正面投影 m' 和点 N 的水平投影 n，求 M、N 点另两面的投影。

［分析］

点 M 正面投影可见，在轴线的左面，由此判断点 M 在左、前半圆柱面上，其侧面投影可见。点 N 水平投影不可见，在轴线的右面，由此判断点 N 在下底面的右、前位置上，其侧面投影不可见。

［作图］如图 3-7b 所示。

a. 过 m′ 向下引投影线交于水平投影的前半圆周，得点 M 的水平投影 m；根据点的三面投影规律作出 m″。

b. 过 n 向上引投影线交于正面投影的前半圆周底面上，得点 N 的正面投影 n′，根据点的三面投影规律求出 n″。

c. 判断可见性。n″ 不可见，用（n″）表示，其他可见。

2）圆柱表面求线

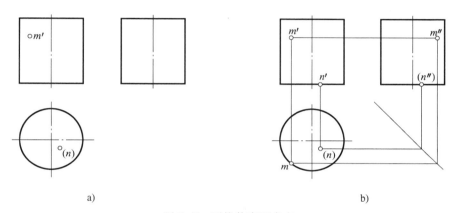

图 3-7　圆柱体表面求点

a）已知条件　b）作图

［例 3-3］如图 3-8a 所示，已知圆柱表面上线段 AB 的正面投影 a′b′，求线段 AB 在水平面和侧面的投影。

［分析］

圆柱的轴线垂直于侧面，其侧面投影积聚成圆，正面投影和水平投影均为矩形。线段 AB 是圆柱表面的一段曲线，位于圆柱的前面。曲线上点 A、B 以及最前素线上点 C 是特殊点。

［作图］如图 3-8b 所示。

a. 利用积聚特性，画出端点 A、B 在侧面的投影 a″、b″，根据点的三面投影规律，画出水平投影 a、b。

b. 最前素线上点 C 的正面投影 c′ 在轴线上可见，根据点的三面投影规律，画出水平和侧面投影 c、c″。

c. 在曲线正面投影 a′b′ 适当位置加入辅助点 1′、2′，利用积聚性画出侧面投影 1″、2″，根据点的三面投影规律，画出水平投影 1、2。

d. 判别可见性并连线。c 是水平投影可见与不可见的分界点，a2c 不可见，用虚线表示；c1b 可见，用实线表示。

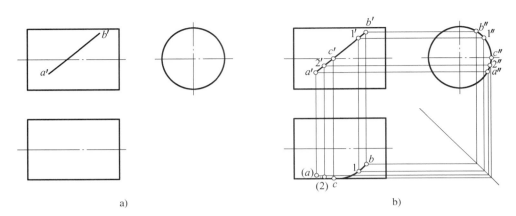

图 3-8　圆柱体表面求线
a）已知条件　b）作图

（二）锥体

1. 棱锥

棱锥由一多边形底面和具有公共顶点的三角形棱面所围成，棱面数量与底面边数相等，棱线均通过顶点。当棱锥底面为正多边形，其锥顶又处于通过该正多边形中心的垂线上时，这种棱锥称为正棱锥，如图 3-9 所示。

棱锥通常以底面的边数命名，如底面是三边形，即称为三棱锥。

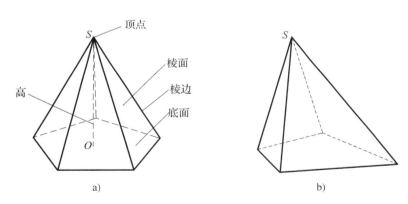

图 3-9　棱锥的构成与类别
a）正棱锥　b）一般棱锥

（1）棱锥的投影特征

如图 3-10 所示，三棱锥的底面平行于水平面 H，所以底面的水平投影面 abc 反映实形；底面的正面、侧面投影积聚为水平线段。

三棱锥的后棱面 SAC 是侧垂面，在侧面 W 积聚投影为斜线，在正面 V 和水平面 H 投影为类似形。

三棱锥左、右棱面都是一般位置面，它们的三面投影都是类似形，其中侧面投影重合。

各棱面的所有投影都不反映各个棱面的实形（见图 3-10b）。

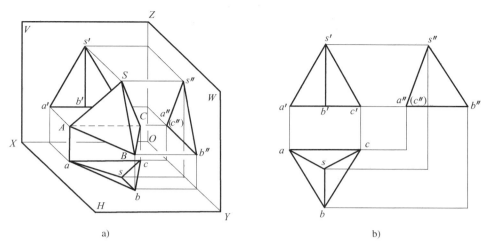

图 3-10　三棱锥的投影
a）直观图　b）投影图

（2）棱锥表面求点和线

棱锥表面的点可以利用积聚性求得，无积聚性则可利用辅助线来求得。辅助线常采用过顶点的直线或平行于底边的直线。

棱锥表面的线可在求点的基础上求得，连接两个端点即可。

［例 3-4］如图 3-11a 所示，已知三棱锥表面 SAC 内 K 点的 H 面投影 K，棱面 SBC 内 N 点的 V 面投影 n'，求 K、N 两点的其他投影。

［分析］

1）棱面 SAC 的棱线 AC 垂直于 W 面，故棱面 SAC 为侧垂面，其侧面投影积聚成一直线。利用积聚性，由 k 求得 k''；再根据长对正、高平齐原则，求得 k'。棱面 SAC 在三棱锥后表面，$s'a'c'$ 不可见，因而 k' 也不可见，用（k'）表示。

2）棱面 SBC 是一般面，无积聚性。按照点在平面上的几何条件，通过点 N 在棱面 SBC 上作一辅助线，求得它另一投影。

［作图］

1）利用线面的积聚性求点，参见图 3-11b。

2）利用辅助线求点有两种方法：

a. 过顶点作辅助线。过点 N 和顶点 S 作一直线 SD，正面投影 $s'd'$，D 为辅助线与底面的交点。求出水平投影 sd，并根据长对正原则，由 n' 在 sd 上求得 n，点 n 可见，如图 3-11c 所示。

b. 过点 N 作一水平线 NE，正面投影 $n'e'$//$b'c'$，E 是 NE 与棱边 SC 的交点，由此画出 E 的水平投影 e，过 e 作 bc 的平行线，求得 N 点在平行线上的水平投影 n，如图 3-11d 所示。

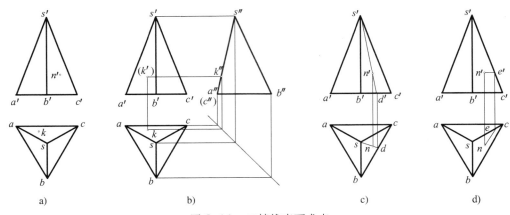

图 3-11　三棱锥表面求点

a）已知条件　b）用积聚性求点　c）用过顶点辅助线求点　d）用平行于底边辅助线求点

2. 圆锥

如图 3-12 所示，圆锥面可看作是由一条母线 *SA* 绕着与它相交的轴线作回转运动而成。由圆锥面及其底面围成的立体称为圆锥体（简称圆锥）。圆锥面上过顶点 *S* 的任意一条直线称为圆锥面的素线；母线上任意一点回转运动的轨迹为圆，称为纬圆。

（1）圆锥的投影特征

如图 3-13 所示，圆锥的轴线垂直于水平面 *H*，其水平投影是一个圆形，这个圆形既是圆锥底面的投影，又是没有积聚性的圆锥面的投影，圆锥顶点 *S* 的投影重合在这个圆形中心线的交点上。

圆锥的正面投影和侧面投影都是等腰三角形。

图 3-12　圆锥的形成

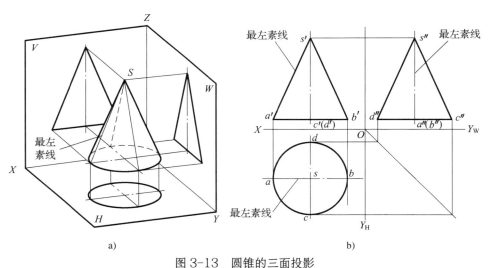

图 3-13　圆锥的三面投影

a）直观图　b）投影图

（2）圆锥表面求点

圆锥面的任意一投影都没有积聚性，所以圆锥面上求点时，先要在面上求线，然后再在线上求点，才能确保所求的点必在面上。

［例 3-5］如图 3-14a 所示，已知圆锥面上点 M 的正面投影 m'，求点 M 的其余两面投影。

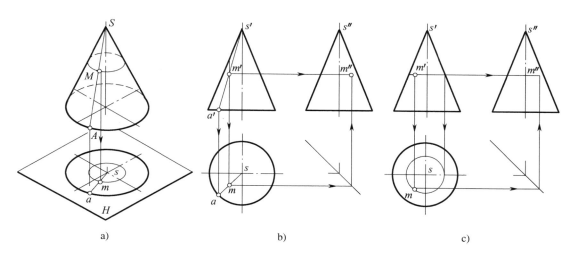

图 3-14 圆锥的三面投影

a）直观图　b）素线法　c）纬圆法

［分析］

在圆锥面上求点的方法有素线法和纬圆法两种，如图 3-14b、图 3-14c 所示。

［作图］

1）素线法

通过锥顶 S 引一条辅助素线 SM 与圆锥底圆相交于点 A。

a. 在投影图上，先过正面投影 s' 作 s'a' 与底边相交于 a'，画出其水平投影 sa。

b. 根据点的三面投影规律，通过正面投影 m'，画出 sa 上点 M 的水平投影 m 和侧面投影 m"。

2）纬圆法

过点 M 在圆锥面上作一个辅助纬圆，确定点 M 在圆锥面上的位置。

a. 过点 M 的正面投影 m' 作一水平线与三角形的两腰相交。两交点之间的线段长度即是辅助纬圆的直径。

b. 根据辅助纬圆的正面投影，画出其水平投影。根据点的三面投影规律，画出点 M 的水平投影 m 和侧面投影 m"。

（三）球体

由圆球面围成的基本体称为球体。圆球面可看成是由一个圆周绕它的任意一条直径为轴作回转运动而形成的，如图 3-15 所示。

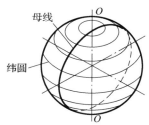

图 3-15 球体的形成

1. 球体的投影特征

在三面投影中，球体的三面投影均是直径相等的圆形，如图 3-16 所示。正面是球面最大正平圆 A 的投影。依此类推，水平和侧面投影分别是球面上最大水平面圆、最大侧平面圆的投影。三面圆心的投影是同一点，但三面投影圆形不是球面上同一圆周的三面投影。

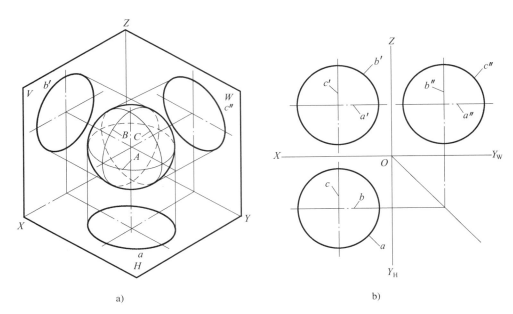

图 3-16　球的投影

a）直观图　b）投影图

2. 球体表面求点

球体表面求点采用纬圆法。先在圆球面上作辅助纬圆，然后再在辅助纬圆上求点。

［例 3-6］如图 3-17a 所示，已知球面上点 M 的水平面投影 m，求点 M 其余两面的投影。

［分析］

辅助纬圆求点有正平纬圆和水平纬圆两种方法。

［作图］

（1）正平纬圆法

1）12 是与正面平行的正平纬圆在水平面上的投影，其正面投影反映实形，即以 o' 为圆心、12 为直径的圆形，如图 3-17b 所示。

2）m 可见，因此可以判断 M 点在球体的上半球，由此画出 m'。

3）已知 m 和 m'，即可以求出 m''。

（2）水平纬圆法

具体画图方法与正平纬圆法相似，如图 3-17c 所示。

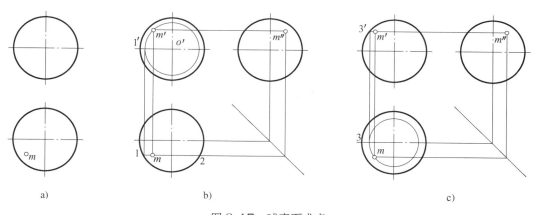

图 3-17　球表面求点

a）已知条件　b）用正平纬圆法作图　c）用水平纬圆法作图

二、组合体的正投影

（一）组合体的形成

组合体可以理解成是若干个基本体的组合，其组合的方式一般可以分为叠加、切割、相贯三种。但必须指出，在许多情况下，组合体形成的方式不是单一的，而是多种组合方式多次作用而成。

1. 叠加

叠加型组合体是由若干个基本体叠加而成的形体，如图 3-18 所示。

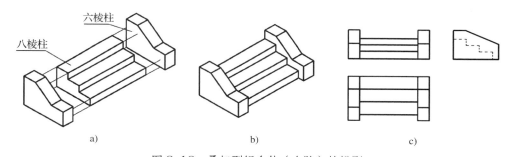

图 3-18　叠加型组合体（台阶）的投影

a）基本体　b）直观图　c）叠加型组合体的投影

2. 切割

切割型组合体是一个基本体经过若干次切割而成的形体，如图 3-19 所示。

3. 相贯

相贯型组合体是两个或多个立体相交形成的新的整体，称为相贯体。相贯线是两立体表面的共有线，相贯线上的点是两立体表面的共有点，不同的立体以及不同的相贯位置，相贯线的形状也不同。作相贯体的投影时，不仅要画出其轮廓的投影，也要画出其相贯线的投影，如图 3-20 所示。

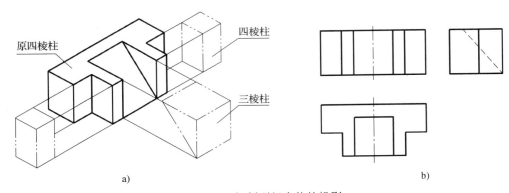

图 3-19　切割型组合体的投影

a）直观图　b）切割型组合体的投影

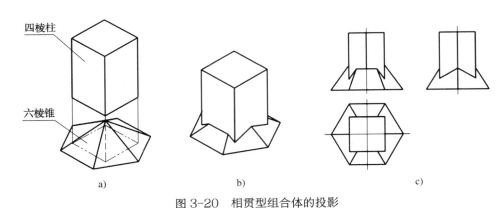

图 3-20　相贯型组合体的投影

a）基本体　b）直观图　c）相贯型组合体的投影

（二）基本体的截断

用平面切割立体称为立体截断。切割立体的平面称为截平面。平面与立体表面的交线称为截交线。由截交线所围成的平面图形称为截面或断面。立体被一个或几个平面切割后余下的部分称为切割体，如图 3-21 所示。

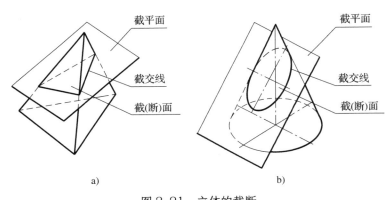

图 3-21　立体的截断

a）平面立体截断　b）曲面立体截断

1. 棱柱的截断

用平面切割棱柱时，其截交线是截平面与棱柱表面的共有线，它是一个封闭的平面多边形，其每一边都是截平面与棱柱一棱面的交线，其顶点是截平面与一棱线的交点，因此，画截（断）面的实质是求面面交线与线面交点。

［例3-7］如图3-22a所示，已知一被正垂面 P 截断的六棱柱切割体的正面和侧面投影，画出其水平面投影。

［分析］

已知六棱柱被正垂面 P 截断，所以截平面 P 与六棱柱的截交线 ACEFDB 在正面的投影积聚成一段斜线，侧面投影与六棱柱的侧面投影重合且是类似形，水平面投影也是类似形。

六棱柱下方两棱线水平面投影不可见，用虚线表示。

［作图］如图3-22b所示。

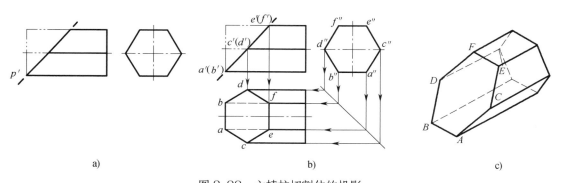

图 3-22 六棱柱切割体的投影
a）已知条件 b）作图过程 c）直观图

［例3-8］如图3-23a所示，已知一带切口的四棱柱的水平面和正面投影，画出其侧面投影。

［分析］

已知四棱柱的切口是被正垂面 P 和侧平面 Q 联合切割而成的，所以截平面 P 与四棱柱的截交线 ABDEC 在正面的投影积聚成一段斜线，水平面投影与四棱柱的水平投影重合且是类似形，侧面投影也是类似形；截平面 Q 与四棱柱的截交线 DFGE 的侧面投影反映实形，其余两面投影都积聚成线段。两截平面的交线是 DE。右侧棱线 IH 的侧面投影不可见，用虚线表示。

［作图］如图3-23b所示。

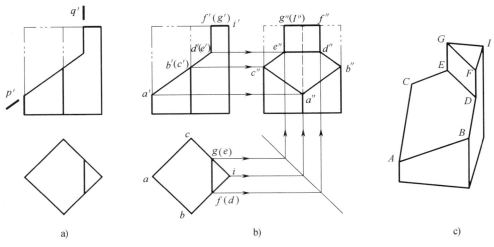

图 3-23　带切口四棱柱的投影

a）已知条件　b）作图过程　c）直观图

2. 棱锥的截断

棱锥切割体具有平面切割平面立体的共同特征，画截（断）面的实质就是求面面交线和线面交点。

［例 3-9］如图 3-24a 所示，已知三棱锥 SABC 被正垂面 f 截断，画出截切后立体的投影。

［分析］

截平面 P 是正垂面，其正面投影 p′ 有积聚性。截平面 P 与三棱锥的棱边 SA、SB、SC 的交点 Ⅰ、Ⅱ、Ⅲ 的正面投影为 1′、2′、3′。

［作图］

（1）根据"高平齐"正投影规律，画出侧视图上投影 1″、2″、3″，将 1″、2″、3″ 相连就是截交线的侧面投影，如图 3-24b 所示。

（2）根据"宽相等"正投影规律，画出水平投影 1、2、3，把 1、2、3 相连，得到截交线的水平投影，如图 3-24c 所示。

（3）将剩下部分的棱线按规定加深，即可完成三棱锥切割体的投影。

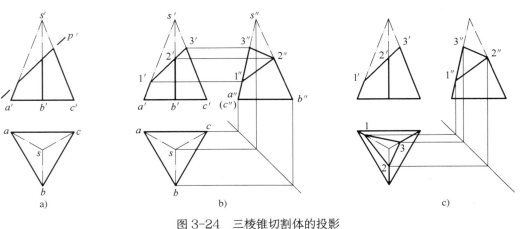

图 3-24　三棱锥切割体的投影

a）已知条件　b）作侧面投影　c）作水平投影

3. 圆柱的截断

平面与曲面立体相交时，其截交线通常是封闭的平面曲线，或是由曲线和直线所围成的平面图形。画截（断）面时需找出截交线上的若干点，再用光滑曲线相连。

由于截平面与圆柱体轴线的相对位置不同，其截（断）面有圆、椭圆和矩形三种情况，具体见表 3-1。

表 3-1　圆柱截交线

截平面位置	垂直于圆柱轴线	倾斜于圆柱轴线	平行于圆柱轴线
截交线	圆	椭圆	矩形
轴测图			
投影图			

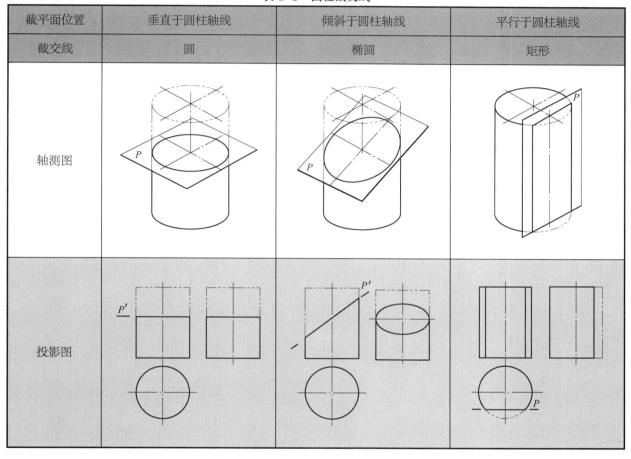

［例 3-10］如图 3-25a 所示，圆柱被倾斜于轴线的正垂面 P 截断，画出被截断后的圆柱的三面投影。

［分析］

由表 3-1 可知，这种状况的截交线为椭圆。该椭圆的正面投影重合在有积聚性的迹线 p' 上；它的水平投影重合在圆柱面的水平投影上。作图的关键是如何作出椭圆的侧面投影。

［作图］

（1）求特殊点。由正面投影可知：椭圆的最左和最右点（也是最低和最高点）A、C 分别位于圆柱面的最左和最右素线上，其正面投影为 a'、c'，据此便可求出侧面投影 a''、c''；椭圆的最前和最后点 B、D 分别位于圆柱面的最前和最后素线上，其正面投影为 b'、(d')，据此便可求出侧面投影 b''、d''，如图 3-25b 所示。

（2）求一般点。为了使作图更准确，在截交线上可添加若干一般位置的点，利用投影的积聚性和点的三面投影规律，画出其水平和侧面投影，如图3-25c所示。

（3）点的连接。用曲线板依次光滑连接特殊点以及添加的一般点的投影，得到侧面的截交线（椭圆），如图3-25d所示。

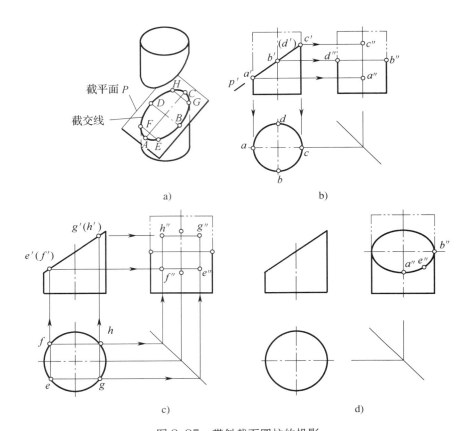

图3-25　带斜截面圆柱的投影
a）直观图　b）求特殊点　c）求一般点　d）完成作图

4. 圆锥的截断

平面与圆锥相交，根据截平面与圆锥轴线的相对位置不同，可产生5种不同形状的截交线，分别是圆、椭圆、抛物线、双曲线和相交两直线，具体见表3-2。

［例3-11］如图3-26a、b所示，已知圆锥被一正平面P所截，画出其截割后的三面投影。

［分析］

由表3-2可知，其截断面为由双曲线和直线围成的平面，该平面的水平投影和侧面投影均分别积聚为直线，只需画出其正面投影。

［作图］如图3-26c所示。

（1）求特殊点。由侧面投影可知，截交线上有3个特殊点：截交线的最高点和与底面的两个交点。根据点的三面投影规律，画出3个特殊点的正面投影。

表 3-2 圆锥截交线

截平面 位置	垂直于圆锥的轴线	倾斜于圆锥的轴线，与所有素线相交	平行于任意 一条素线	平行于两条素线	通过锥顶
截交线	圆	椭圆	抛物线	双曲线	相交两直线
轴测图					
投影图					

（2）求一般点。采用纬圆法，在水平投影中以适当的半径作一水平辅助纬圆的投影，与截交线相交于 c、c_1，作出该辅助纬圆的正面投影。利用 c、c_1，画出点 c、c_1 的正面投影 c'、c'_1。

（3）依次光滑连接特殊点和一般点的正面投影，获得截交线的正面投影。

（4）判断可见性。截平面 P 为正平面，且截割处位于圆锥的前半部分，故其截面的正面投影反映实形且可见。

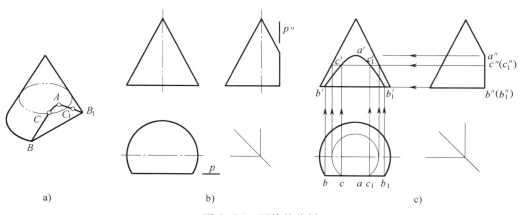

图 3-26 圆锥的截割

a）直观图　b）已知条件　c）完成作图

5. 球体的截断

平面与圆球相交，其截交线始终是圆，但由于截平面与投影面相对位置的不同，其投影可以是圆、椭圆或积聚为一直线。

［例 3-12］如图 3-27 所示，已知一带切口的半圆球的正面投影，补画出其水平投影及侧面投影。

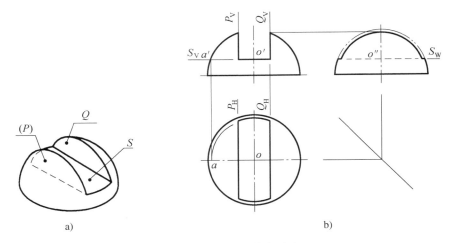

图 3-27　带切口的半圆球
a）直观图　b）完成作图

［分析］

根据正面投影可知，切口由一个水平面 S 与两个侧平面 P、Q 切割而成。S 与球的截交线为水平纬圆，其水平投影反映实形；P、Q 与球的截交线为侧平纬圆，其侧面投影反映实形。从正面投影出发，向下和向右投射可画出水平面与侧面的投影。

［作图］如图 3-27b 所示。

（1）根据水平面 S 的正面投影，延长切口正视图水平线，交于球体的外轮廓，画出辅助纬圆的水平面投影。根据"长对正"投影规律，确定切口水平投影的长度。

（2）根据点的三面投影规律，利用切口正面投影的最高点画出侧面投影的最高点。以圆球的中心为圆心画圆弧。

（3）根据正面投影画出切口平面的侧面投影。判断其可见性，不可见部分用虚线表示。

（三）组合体表面的相贯线

两立体相贯归纳起来有三种类型，分别是两平面立体相贯、平面立体与曲面立体相贯和两曲面立体相贯，如图 3-28 所示。

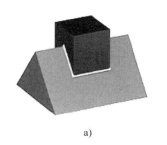 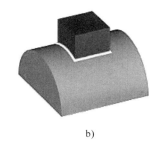 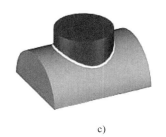

图 3-28　相贯型组合体的类型

a）两平面立体相贯　b）平面立体与曲面立体相贯　c）两曲面立体相贯

1. 两平面立体相贯

两平面立体的相贯线通常是一条或几条闭合的空间折线或平面多边形。求两平面立体相贯线的方法通常有以下两种：

（1）求各侧棱对另一立体表面的交点，然后把位于一立体同一侧面与位于另一立体同一侧面上的两点依次连接起来。

（2）求一立体各侧面与另一立体各侧面的交线。

［例 3-13］画出两三棱柱的相贯线，如图 3-29a、b 所示。

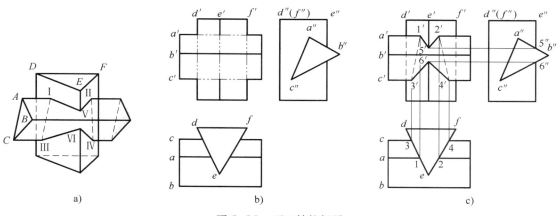

图 3-29　两三棱柱相贯

a）直观图　b）已知条件　c）完成作图

［分析］

根据已知条件可以看出两三棱柱是相互咬合在一起的相贯体。三棱柱 DEF 垂直于水平面，其棱面在水平面的投影具有积聚性；三棱柱 ABC 垂直于侧面，其棱面在侧面的投影具有积聚性。因此，相贯线的水平投影和侧面投影与两棱柱的积聚性投影重合，不必画出，只需画出其正面投影。

［作图］如图 3-29c 所示。

1）从水平面投影得知，A、C 两棱线参与相交，其交点为 Ⅰ、Ⅱ 和 Ⅲ、Ⅳ。根据投影规律，画出 4 个交点的正面投影 1′、2′ 和 3′、4′。

2）从侧面投影得知，E 棱线与棱面 AB、BC 相交，由交点的侧面投影 5″、6″ 画出其正面投影 5′、6′。

3）依次把 1′、5′、2′、4′、6′、3′、1′ 相连，并判断相贯线的可见性，完善投影图。

2. 平面体与曲面体相贯

平面立体与曲面立体相交时，相贯线是由若干段平面曲线或直线所组成的。每段平面曲线或直线就是平面体各侧面截切曲面体所得的截交线。每一段平面曲线或直线的转折点就是平面体的侧棱与曲面体表面的交点。

画平面立体与曲面立体的相贯线，就是画平面立体与曲面立体的截交线以及直线与曲面立体表面的交点。作图时，先求出这些转折点，再根据画曲面立体截交线的方法画出每段曲线或直线。

［例 3-14］画出四棱柱与圆柱的相贯线，如图 3-30a、b 所示。

［分析］

由给出的直观图和投影图可知，侧垂的四棱柱全部贯穿于铅垂的圆柱，有左、右两组相贯线。因为铅垂圆柱面的水平投影有积聚性，且与侧垂四棱柱的轴线重合。所以，相贯线的水平面投影与圆柱面的部分投影重合，侧面投影与四棱柱的棱面投影重合，而两组相贯线的正面投影对称。

［作图］如图 3-30c 所示。

（1）找出相贯线的特殊点。相贯线上的特殊点一般位于立体的外形线、轴线位置上，它们可能是相贯线上可见与不可见段的分界点，或是相贯线上的最高、最低等极端位置点，如本例的Ⅰ、Ⅱ点。

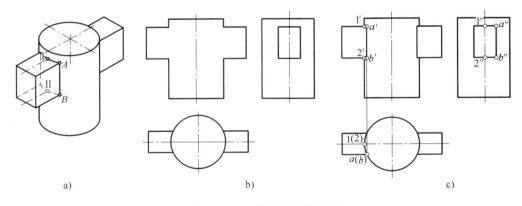

图 3-30　四棱柱与圆柱相贯

a）直观图　b）已知条件　c）完成作图

（2）找出相贯线的转折点。看图可知，侧垂棱柱的前面两条棱边与圆柱面分别相交于两点 A、B，通过此两点的水平投影 a、(b) 和侧面投影 a″、b″ 可画出其正面投影 a′、b′。

（3）用线段连接 1′、a′、b′、2′，得到两立体左前相贯线。通过相同的方法，则可画出其右前相贯线。

［例 3-15］画出四棱柱与圆锥的相贯线，如图 3-31a、b 所示。

［分析］

由给出的直观图和投影图可知，相贯两立体左右、前后对称，四棱柱各侧面的水平投影积聚成四边形，因此相贯线的水平投影与四边形重合。四棱柱的四个棱面平行于圆锥的轴线，并分别两两平行于正面和侧面，所以相贯线是一条由四段曲线组成的空间闭合折线，转折点在四棱柱的各条棱线上。

［作图］如图 3-31c 所示。

（1）求各段曲线的连接点。连接点即棱 A、B、C、D 与圆锥表面的交点，因其水平投影已知，所以可用锥面求点得出。以圆锥水平投影对称交点为圆心，到棱线积聚投影为半径作纬圆，纬圆与中心线交于点 e，画出正面投影 e′；过 e′ 作纬圆的正面投影和侧面投影，连接点即为各棱线与纬圆的交点。

（2）求各段曲线的特殊点。四棱柱前后两棱面正面投影重合，其最高点正面投影也重合，又因前后两段曲线的侧面投影有积聚性，其最高点 V 的侧面投影 5″ 在外形线上，因此，5′ 在对称中心线上，即正平双曲线的最高点。同样，侧棱面的最高点 IV 的正面投影在外形线上，4″ 在对称中心线上，即侧平双曲线的最高点。

（3）求曲线的过渡点。画出曲线上若干个一般位置点，可使曲线平滑过渡。在水平投影适当位置上作纬圆，进而画出一般位置点的其他投影。

（4）将曲线平滑连接。用曲线连接特殊点、棱边连接点、一般位置过渡点，即可完成相贯体的投影。

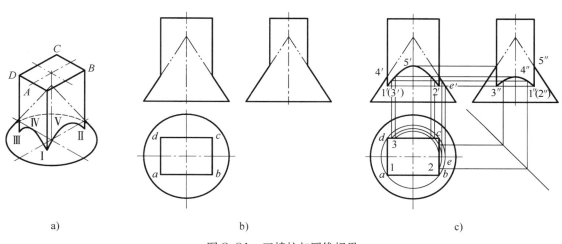

图 3-31 四棱柱与圆锥相贯
a）直观图 b）已知条件 c）完成作图

3. 两曲面立体相贯

两曲面立体相贯的交线一般情况下是封闭的空间曲线，因此，画其相贯线时必须确定相贯线上一系列的点，然后再依次相连。当两个立体中有一个立体表面的投影具有积聚性时，可以用在曲面立体表面求点的方法作出两曲面立体表面的共有点。

［例 3-16］画出两圆柱的相贯线，如图 3-32a、b 所示。

［分析］

从给出的投影图可知，两圆柱相贯线的水平面投影与铅垂圆柱的圆柱面投影重合；侧面投影同样与侧垂圆柱的圆柱面部分投影重合，需要画出的是其正面投影。

　　这两个圆柱属于全贯体，且两圆柱的轴线正交，具有公共的对称平面，因而相贯线前后两部分的正面投影重合。

　　［作图］如图3-32c所示。

　　（1）找出相贯线的特殊点。相贯线上的特殊点一般位于立体的外形线、轴线位置上，它们可能是相贯线上可见与不可见段的分界点，或是相贯线上的最高、最低等极端位置点，如本例的Ⅰ、Ⅱ、Ⅲ、Ⅳ点。

　　（2）求相贯线上的一般点。在相贯线的水平投影上定出前面、左右对称的两个点A、B的投影a、b，由此画出其侧面投影a″、（b″），再由这两个点的水平投影与侧面投影画出正面投影a′、b′。

　　（3）将特殊点1′、3′、4′和一般点a′、b′光滑连接起来，完成相贯线的正面投影。

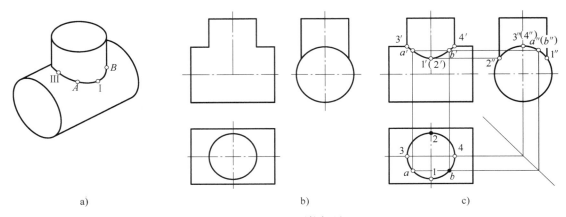

图3-32　两圆柱相贯
a）直观图　b）已知条件　c）完成作图

　　在实际工程中，常遇到两圆柱相交并完全贯穿的情况，这时它们的相贯线是两条对称的空间闭合曲线，如图3-33a所示。但有时参与相交的两圆柱中一个是虚体，如图3-33b所示；甚至两个都是虚体，如图3-33c所示。

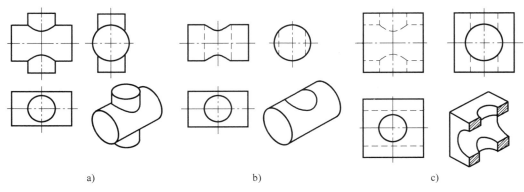

图3-33　两圆柱相贯的常见情况
a）两实体圆柱相贯　b）圆柱孔与实体圆柱相贯　c）两圆柱孔相贯

一般情况下，两曲面立体的相贯线是空间曲线，但在特殊条件下两曲面立体的相贯线可以是平面曲线或直线，如图 3-34 所示。

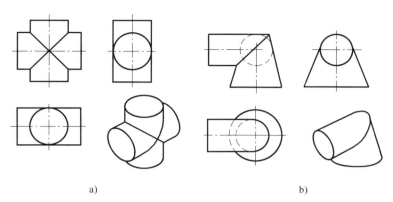

a)   b)

图 3-34　相贯线为平面曲线或直线

a）轴线正交、直径相等的两圆柱相贯　b）轴线正交且公切于一球的圆柱与圆锥相贯

（四）组合体的画法

1. 形体分析

绘制组合体投影图时，首先应认清它是如何形成的，通过何种方式组合的，再采用相应的画图步骤和表达方式。

形体分析就是把组合体分解成若干个简单的基本体，分析这些基本体的形状大小、相对位置，从而得到组合体完整形象的过程。如图 3-35a 所示的组合体"拱门楼"可以看成是由横放的半圆柱"屋盖"、两个四棱柱"墙体"、四棱柱"底板"四部分叠加而成的，如图 3-35b、c 所示。然后运用截切的方式，将"屋盖"切去一个半圆柱、"底板"切去一个小四棱柱，如图 3-35d 所示。在叠加和截切过程中，保持组合体左右对称、后表面平齐。

2. 画图准备

组合体的画图原则是用较少的投影图把形体的形状完整、清晰、准确地表达出来。画图的准备工作包括确定形体的放置位置、选择形体的正面投影和确定投影图的数量。

（1）确定形体的放置位置

作图前，必须分析组合体的形态，确定如何放置才能清晰、完整地通过投影图表达形体。形体在投影体系中的位置应与形体的使用习惯和工作位置保持一致，重心平稳，在各投影面上应尽量反映实形。如图 3-36 所示，为更好地表达台阶的形态，选择 B 向作为水平投影方向，底板向下并处于水平位置，水平投影反映台阶踏步和栏板的表面实形。

（2）选择形体的正面投影

形体的位置确定后，应使组合体的正面投影尽可能反映其组合部分的形状特征和相对位置，尽可能选择减少投影图中出现虚线的方向。如图 3-36 所示的台阶，选择 C 向作为正投影方向，能清楚地反映台阶与栏板的形状特征，而选 A 向作为正投影方向，能清楚地反映台阶踏步与两栏板的位置关系，而且投影图中不会出现虚线。比较之下，选择 A 向更合理。

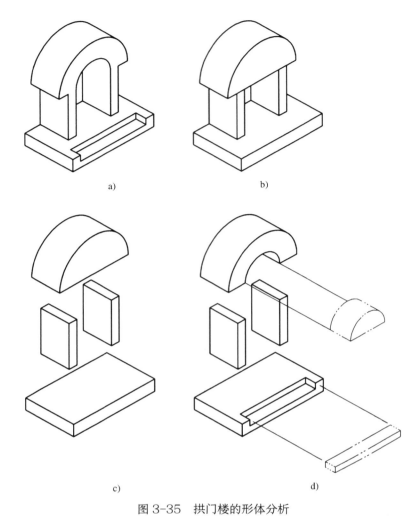

图 3-35　拱门楼的形体分析

ａ）完整轴测图　ｂ）从宏观角度观察　ｃ）分解成四个组成部分　ｄ）截切

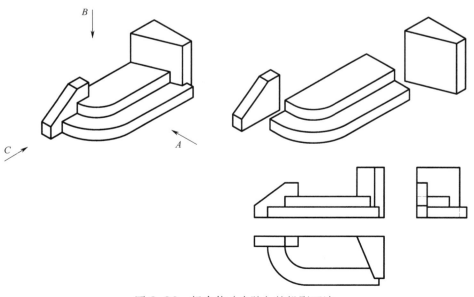

图 3-36　组合体（台阶）的投影画法

（3）确定投影图的数量

正面投影方向选定后，组合体的形状和相对位置还不能完全表达清楚。正投影只反映形体长与高两个方向的尺寸，往往需要补充其他方向的视图。有些特殊的形体只需要两个视图，甚至一个视图就可以表达完整，但如图 3-36 所示的台阶则必须通过三面投影才能表达清晰。A 向和 C 向投影可以表达台阶踏步与两栏板的形状特征和位置关系，但不能表达两个踏步的大圆角和一个栏板的斜度。因此，画出三个方向的投影图才能准确无误地表达出台阶的整体形状和各部分的位置关系，以便于读图者理解。

3. 绘图步骤

通过形体分析分解各几何形体并确定它们之间的相对位置后，先画底稿，画出各基本体的投影，然后组成完整的组合体视图，最后检查无误后，加深图线。以拱门楼为例，具体绘图步骤如下：

（1）先画出各视图的对称线、定位线和主要部分，后画次要部分；先画完整外形，后画细节。如图 3-37a、b、c 所示，先画出主视图和俯视图的对称线、底板底面、后表面定位线。

（2）从基本体最具有形体特征的投影画起，同时画出必需的各个投影，注意投影关系。

（3）正确保持各组成部分之间的相对位置，如拱门楼各组成部分从下至上，依次为底板、墙体和屋盖，组合方式为叠加。

（4）确认无误后，加深图线，如图 3-37d 所示。

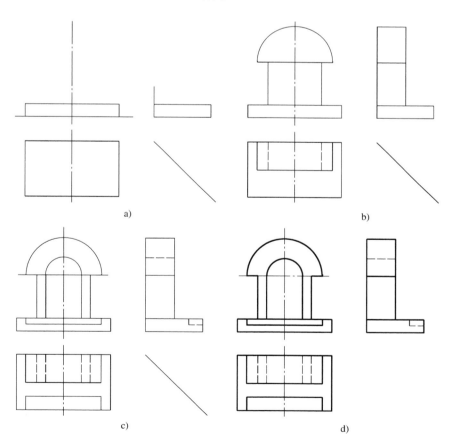

图 3-37 拱门楼绘图步骤

a）画对称线、定位线和底板的三面投影　b）依次叠加，画出其余两个几何体的投影
c）逐步画出被截切部分的投影　d）整理全图，擦去不必要的线，加深图线

第二节

SECTION 2
形体的轴测投影

一、轴测投影基本知识

将形体连同确定形体长、宽、高的直角坐标轴（OX、OY、OZ）用平行投影的方法一起投射到某一投影面（如 P、R 面）上所得到的投影称为轴测投影，该投影面称为轴测投影面。用轴测投影方法绘制的图形称为轴测投影图，简称轴测图，如图 3-38 所示。

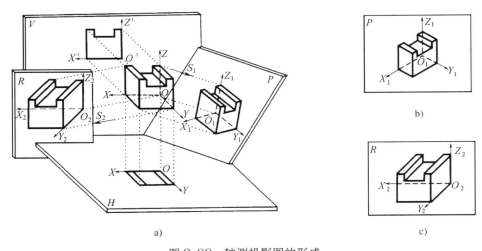

图 3-38　轴测投影图的形成

a）轴测投影图的形成　b）正轴测投影图　c）斜轴测投影图

（一）轴测投影术语

1. 轴测投影面：轴测图所处的平面称为轴测投影面。

2. 轴测轴：表示空间形体长、宽、高三个方向的直角坐标轴 OX、OY、OZ 在轴测投影面上的投影 O_1X_1、O_1H_1、O_1Z_1 称为轴测轴。

3. 轴间角：相邻两轴测轴之间的夹角（如 $\angle X_1O_1Z_1$ 等）称为轴间角。三个轴间角之和为 360°。

4. 轴向伸缩系数：轴测轴上某段长度与它的实长之比称为该轴的轴向伸缩系数。X、Y、Z 轴的轴向伸缩系数分别用 p、q、r 表示，即：

$p=O_1X_1/OX$，$q=O_1Y_1/OY$，$r=O_1Z_1/OZ$

（二）轴测投影的分类

根据投影方向、轴测投影面的相对位置以及轴向伸缩系数，轴测图分类如下：

1. 正轴测投影

形体的长、宽、高三个方向的坐标轴与轴测投影面倾斜，投射线垂直于投影面所得到的投影称为正轴测投影，如图 3-38b 所示。

2. 斜轴测投影

形体两个方向的坐标轴与轴测投影面平行（即形体的一个面与投影面平行），投射线与轴测投影面倾斜所得到的投影称为斜轴测投影，如图 3-38c 所示。

无论哪一类轴测图，形体上互相平行的轮廓线在轴测图中必定互相平行。

二、正轴测投影

（一）正等轴测图的形成

正等轴测图是最常用的一种轴测图。正等轴测图置于形体上的三个坐标轴与轴测投影面的倾角都相同，$\angle X_1O_1Z_1 = \angle Z_1O_1Y_1 = \angle Y_1O_1X_1 = 120°$，如图 3-39 所示。画图时，通常将 $\angle O_1Z_1$ 轴画成竖直位置，O_1X_1 轴和 O_1Y_1 轴与水平线的夹角都是 30°，如图 3-40 所示。

经推断，正等轴测图中三个轴的轴向伸缩系数都等于 0.82，即 $p=q=r=0.82$。为了作图方便，常采用简化的轴向伸缩系数，令 $p=q=r=1$，这样画出的图形与按原来轴向伸缩系数 0.82 画出的图形相比，沿各轴向的长度分别增大了 $1/0.82=1.22$ 倍，但整个图形的立体感没有改变，如图 3-41 所示。

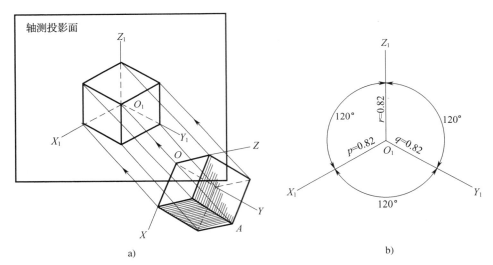

图 3-39　正等轴测图的形成、轴间角和轴向伸缩系数

a）正等轴测图的形成　b）轴间角和轴向伸缩系数

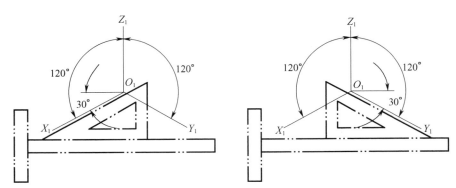

图 3-40　正等轴测图轴间角的画法

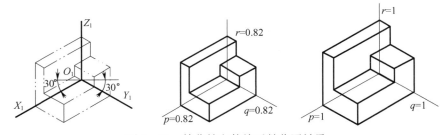

图 3-41　简化轴向伸缩系数作图效果

（二）正等轴测图的基本画法

画正等轴测图的基本方法是坐标法、叠加法和截切法。在实际作图时，要根据形体的特点灵活采用适当的作图方法。

1. 坐标法

坐标法是指根据形体表面上各顶点的空间坐标画出它们的轴测投影，然后依次连接成形体表面的轮廓线，即得该形体的轴测图。

［例 3-17］根据图 3-42a 所示的投影图，画出四坡顶房屋的正等轴测图。

［分析］

首先要看懂投影图，想象出房屋的形状。该房屋由四棱柱和四坡屋面所围成的平面立体构成。四棱柱的顶面与四坡屋面形成的平面立体的底面相重合。因此，可先画四棱柱，再画四坡屋顶。

［作图］

（1）在投影图上确定坐标系，选取房屋背面右下角作为坐标系的原点 O，如图 3-42a 所示。

（2）作四坡屋面的屋脊线 A_1B_1。根据 x_1、y_1 先求出 a_1，过 a_1 作 O_1Z_1 轴的平行线并向上量取高度 z_1，则得屋脊线上右顶点 A 的轴测投影 A_1；过 A_1 作 O_1X_1 轴的平行线，从 A_1 开始在此线上向左量取 $A_1B_1=x_3$，则得屋脊线的左顶点 B_1，如图 3-42b 所示。

（3）根据 x_2、y_2、z_2 作出下部四棱柱的轴测图，如图 3-42c 所示。

（4）由 A_1、B_1 和四棱柱顶面 4 个顶点作出 4 条斜屋脊线，如图 3-42d 所示。

（5）擦去多余图线，加深可见图线，完成四坡顶房屋的正等轴测图，如图 3-42e 所示。

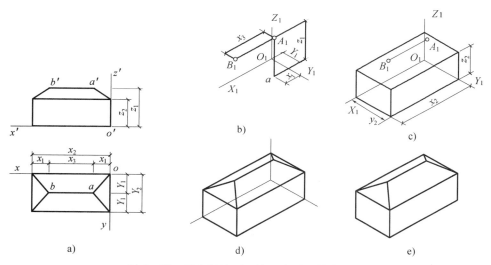

图 3-42　用坐标法画四坡顶房屋正等轴测图

2. 叠加法

叠加法是把形体分解成若干个基本体，依次将各个基本体按相对位置叠加画出，形成整个形体的正等轴测图。当形体明显由几个部分组成时，一般采用叠加法。

［例 3-18］根据图 3-43a 所示的柱基础正投影图，用叠加法画出其正等轴测图。

［分析］

从图 3-43 的正投影图可知，柱基础由三个四棱柱上下叠加而成。

［作图］

（1）在正投影图上确定坐标系，坐标原点选在基础底面的中心，如图 3-43a 所示。

（2）画轴测轴，根据底部四棱柱 X、Y、Z 轴方向的尺寸作出其轴测图，如图 3-43b 所示。

（3）将坐标原点移至底部四棱柱上表面的中心位置，根据 X、Y 轴方向的尺寸作出中间四棱柱底面的四个顶点，如图 3-43c 所示；然后可根据 Z 轴方向的尺寸向上作出中间四棱柱的轴测图，如图 3-43d 所示。

（4）将坐标原点再移到中间四棱柱上表面的中心位置，根据 X、Y 轴方向的尺寸作出上部四棱柱底面的四个顶点，如图 3-43d 所示；然后根据 Z 轴方向尺寸向上作出上部四棱柱的轴测图。

（5）擦除多余的图线，加深可见轮廓线，完成该形体的正等轴测图，如图 3-43e 所示。

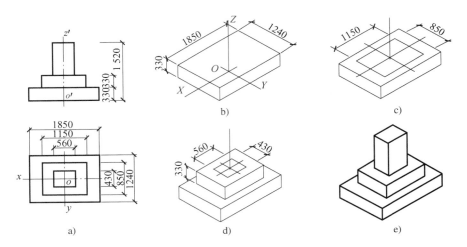

图 3-43　用叠加法画柱基础正等轴测图

3. 截切法

截切法适用于由基本体经截切而得到的形体。以坐标法为基础，先画出基本体的轴测投影，然后将不存在的部分切去，从而得到所需的轴测图。

［例 3-19］根据图 3-44a 所示形体的正投影图，画出其正等轴测图。

［分析］

从图 3-44a 可知，该形体是由一个长方体截切掉一个三棱柱和一个四棱柱所形成的，它适合采用截切法作图。

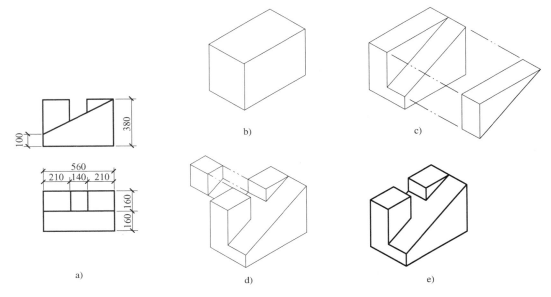

图 3-44　用截切法画某形体的正等轴测图

［作图］

（1）根据正投影图长、宽、高总尺寸，采用正等轴测投影的画图方法画出长方体的轴测图，如图 3-44b 所示。

（2）按图 3-44c 所示，根据三棱柱宽、高和相对位置尺寸，切去三棱柱。

（3）在长方体上表面，根据应切去四棱柱的相对位置尺寸，切去四棱柱，如图 3-44d 所示。

（4）擦除多余的图线，加深可见轮廓线，完成该形体的正等轴测图，如图 3-44e 所示。

（三）曲面立体的正等轴测图

在正等轴测图中，正方体的各个面都发生了变形，正方体表面的圆变成平行于坐标面相等的椭圆，如图 3-45 所示。由此可知，平行于坐标面的圆的正等轴测投影都是椭圆。

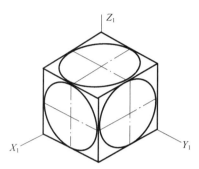

图 3-45 圆的正等轴测图

1. 圆正等轴测图近似画法

圆正等轴测图的近似画法是四心圆弧法。下面以水平圆的正等轴测图为例介绍其作图方法，如图 3-46 所示。

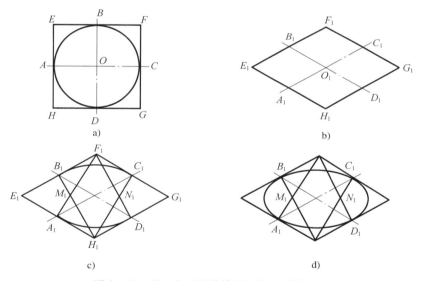

图 3-46 用四心圆弧法绘制圆的正等轴测图

a）在正投影图上定出原点和坐标轴位置，并作圆的外切正方形 EFGH b）画轴测轴及圆的外切正方形的正等轴测图 c）连接 F_1A_1、F_1D_1、H_1B_1、H_1C_1，分别交于 M_1、N_1，以 F_1 和 H_1 为圆心、F_1A_1 或 H_1C_1 为半径作大圆弧 $\overparen{B_1C_1}$ 和 $\overparen{A_1D_1}$ d）以 M_1 和 N_1 为圆心、M_1A_1 或 N_1C_1 为半径作小圆弧 $\overparen{A_1B_1}$ 和 $\overparen{C_1D_1}$，即得平行于水平面的圆的正等轴测图

2. 切槽圆柱正等轴测图画法

［例 3-20］根据图 3-47a 所示圆木榫的投影图，绘制其正等轴测图。

［分析］

该形体由圆柱体截切而成。可画出截切前圆柱的轴测投影，然后根据切口的宽度 b 和深度 h 画出槽口的轴测投影。作图时，可以选择顶圆的圆心作为原点。

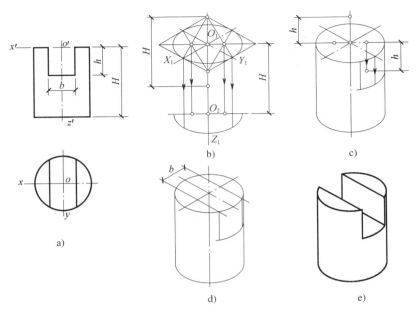

图 3-47　圆木榫的正等轴测图

［作图］

（1）在正投影图上确定坐标系。

（2）作顶圆的轴测轴，确定椭圆的中心位置 O_1，用圆正等轴测图近似画法画出椭圆。根据圆柱的高度尺寸 H 定出底面椭圆的中心位置 O_2，圆弧与圆弧的切点也随之下移。同法，画出底面近似椭圆的可见部分，如图 3-47b 所示。

（3）作出与上、下底面椭圆相切的圆柱面轴测投影的外形线。

（4）由 h 定出槽口底面的中心，并按上述移动圆心的方法，画出槽口椭圆的可见部分，如图 3-47c 所示。

（5）根据宽度 b 画出槽口，如图 3-47d 所示。

（6）整理并加深图线，即可得到圆木榫的正等轴测图，如图 3-47e 所示。

三、斜轴测投影

投影方向 S 倾斜于轴测投影面时所得的投影称为斜轴测投影，如图 3-48 所示。与画正轴测图一样，画斜轴测图也要先确定轴间角、轴向伸缩系数以及选择轴测类型和投影方向。

考虑到作图和读图方便，画斜轴测投影图时，空间形体上的任意两根轴测轴通常平行于轴测投影面 P，而且常令 O_1Y_1 轴对水平线的倾斜角度为 45°（或 30°、60°），取轴向伸缩系数 $q=1$ 或 0.5。

当 $p=q=r=1$ 时，为斜等测图；如 $p=r=1$、$q=0.5$，则为斜二测图。斜等测图在视觉效果上使人感觉形体的纵深比实际长得多，因此，在实际工程中常采用斜二测图，如图 3-49 所示。

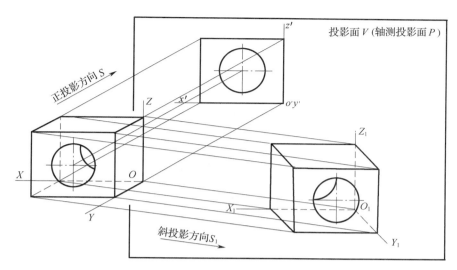

图 3-48 斜轴测投影的形成

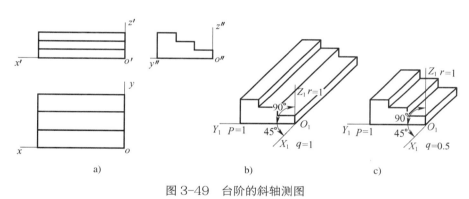

图 3-49 台阶的斜轴测图

a）正投影图 b）斜等测图 c）斜二测图

（一）正面斜轴测图的画法

绘制斜轴测图时，只有一面形状比较复杂的形体通常采用以该面作为正面的斜二测图来表现。

[例 3-21] 根据图 3-50a 所示拱门的投影图，绘制其正面斜二测图。

[分析]

从图 3-50a 所示的投影图可知，拱门的形状特征主要在正面。整体造型由四棱柱底座、带门洞的墙体和四棱柱顶板三部分组成，而且前后、左右对称，因而以拱门的中心为原点，采用叠加法绘制。

[作图]

1. 以轴间角 $\angle XOY = 45°$，轴向伸缩系数 $p = r = 1$、$q = 0.5$ 画出拱门底座，如图 3-50b 所示。

2. 以底座中心确定拱门墙体位置，按拱门的形状画出正面投影，如图 3-50c 所示。

3. 以 45° 角向后平移拱门正面形状，距离为墙体厚度的一半，擦去不可见部分图线，如图 3-50d 所示。

4. 同理，画出拱门四棱柱顶板。

当形体的水平面或侧面为圆时，可以采用八点椭圆法进行绘制。下面以水平面圆的斜二测图为例介绍八点椭圆法的画法，如图 3-51 所示。

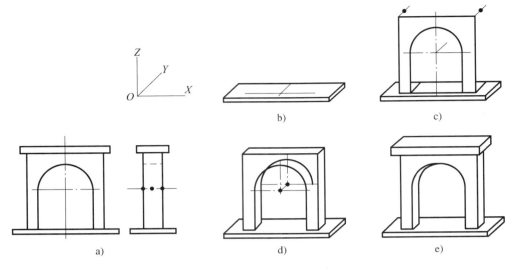

图 3-50　拱门的正面斜二测图

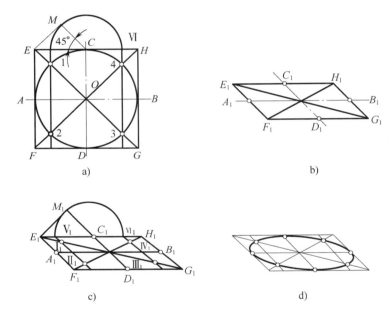

图 3-51　用八点椭圆法绘制圆的斜二测图

a）作圆的外切正方形 EFGH 并连接对角线 EG、FH 交圆周于 1、2、3、4 点　b）作圆外切
正方形的斜二测图，切点 A_1、B_1、C_1、D_1 即为椭圆上的四个点　c）以 E_1C_1 为斜边作等腰
直角三角形，以 C_1 为圆心、腰长 C_1M_1 为半径作弧，交 E_1H_1 于 V_1、VI_1，过 V_1、VI_1 作 C_1D_1
的平行线，与对角线交于 I_1、II_1、III_1、IV_1 四点　d）依次用曲线板连接 A_1、I_1、C_1、IV_1、
B_1、III_1、D_1、II_1、A_1 各点，即得平行于水平面的圆的斜二测图

（二）水平斜轴测图的画法

以水平投影面作为轴测投影面所得到的斜轴测图称为水平斜轴测图，简称水平斜测图（鸟瞰图）。
这种图适用于绘制水平面上较复杂形状的形体，如建筑群体、室内布置图以及区域的总平面布置图
等，如图 3-52 所示为带截面房屋的水平斜轴测图。

1. 轴间角和轴向伸缩系数

画图时，通常 Z 轴竖直，X 轴和 Y 轴的夹角保持直角，Y_1O_1 与水平线成 30°、45° 或 60°，一般取 60°，如图 3-53a 所示。也可以取 X 轴水平，X 轴和 Y 轴的夹角保持直角，Z_1O_1 与水平线成 120°，如图 3-53b 所示。

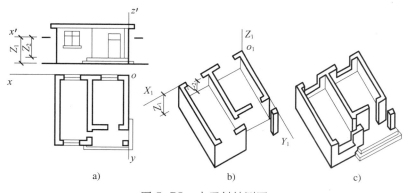

图 3-52　水平斜轴测图

水平斜轴测图的轴向伸缩系数通常取 $p=q=1$，$r=1$ 或 0.5，如图 3-53 所示。

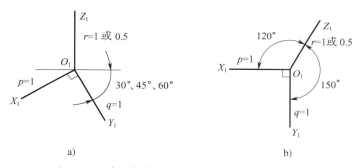

图 3-53　水平斜轴测图的轴间角和轴向伸缩系数

2. 水平斜轴测图的画法

根据图 3-54a 所示的建筑形体的正投影图绘制水平斜轴测图。选定轴测轴、轴间角和轴向伸缩系数后，按图 3-54b、c、d 的过程逐步完成。

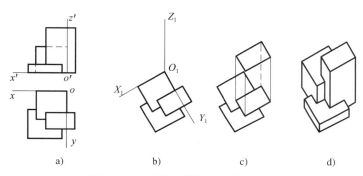

图 3-54　建筑形体的水平斜轴测图

a）正投影图　b）画轴测轴和底面　c）画竖线和顶面　d）区分可见性，完善图形

思考与练习

1. 问答题

（1）组合体的组合方式一般有哪几种？

（2）组合体绘图一般有哪些步骤？

（3）轴测投影有哪几种？基本画法有哪几种？简述各自特点。

2. 填空题

（1）投影体系中竖直的投影面称为正面投影面，用＿＿＿＿＿表示；水平放置的投影面与正面投影面垂直，称为水平投影面，用＿＿＿＿＿表示；与正面、水平面均垂直的第三个投影面，称为侧面投影面，用＿＿＿＿＿表示。

（2）棱柱各表面均为多边形，称为＿＿＿＿＿，各棱面的交线称为＿＿＿＿＿。

（3）圆锥面上过顶点S的任意一条直线称为圆锥面的＿＿＿＿＿；母线上任意一点的回转运动的轨迹为圆，称为＿＿＿＿＿。

（4）圆锥的正面投影和侧面投影都是＿＿＿＿＿形。

（5）用平面切割立体称为＿＿＿＿＿。切割立体的平面称为＿＿＿＿＿。平面与立体表面的交线称为＿＿＿＿＿。由截交线所围成的平面图形称为＿＿＿＿＿。立体被一个或几个平面切割后余下的部分称为＿＿＿＿＿。

（6）正等轴测图是最常用的一种轴测图，三个轴间角均为＿＿＿＿＿。

（7）正等轴测图中三个轴的轴向伸缩系数都等于＿＿＿＿＿。为了作图方便，常采用简化的轴向伸缩系数为＿＿＿＿＿。

（8）在实际工程中常采用的斜测图是＿＿＿＿＿。

3. 作图题

（1）分别量取以下视图尺寸，画出其正等轴测图。

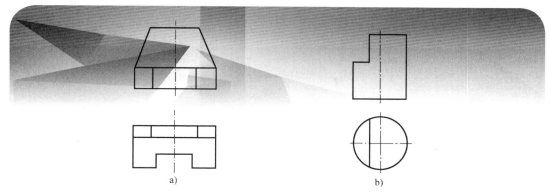

（2）分别量取以下视图尺寸，画出其斜二测图。

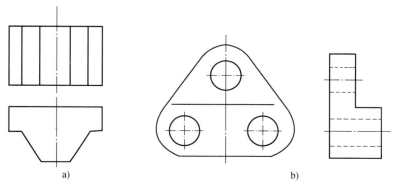

（3）分析以下平面立体的截交线，并补画出第三个视图。

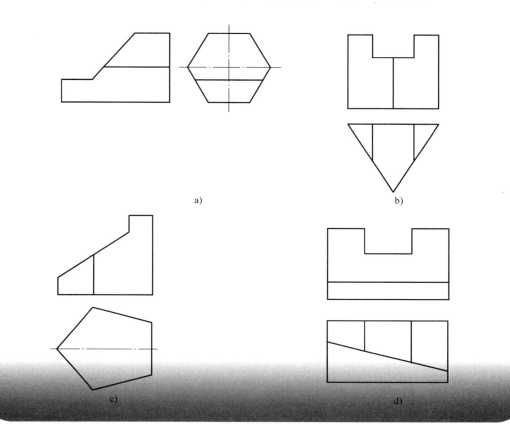

（4）分析以下曲面立体的截交线，并补画出第三个视图。

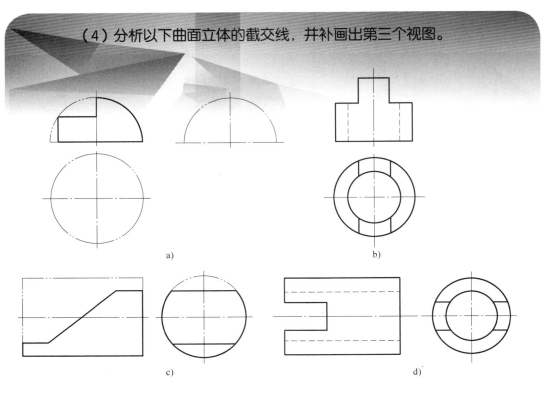

a)   b)

c)   d)

（5）补画视图中漏画的图线。

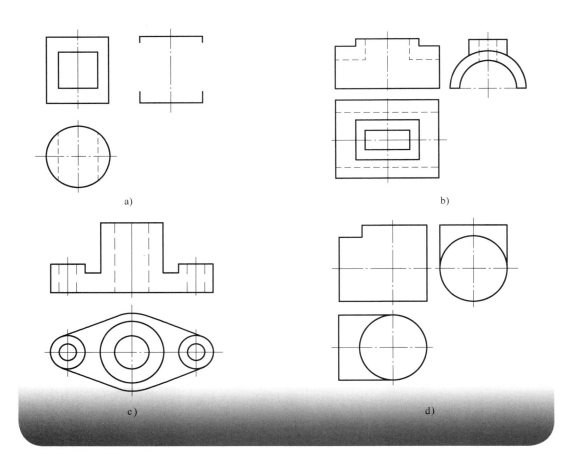

a)   b)

c)   d)

（6）根据两个视图补画第三个视图。

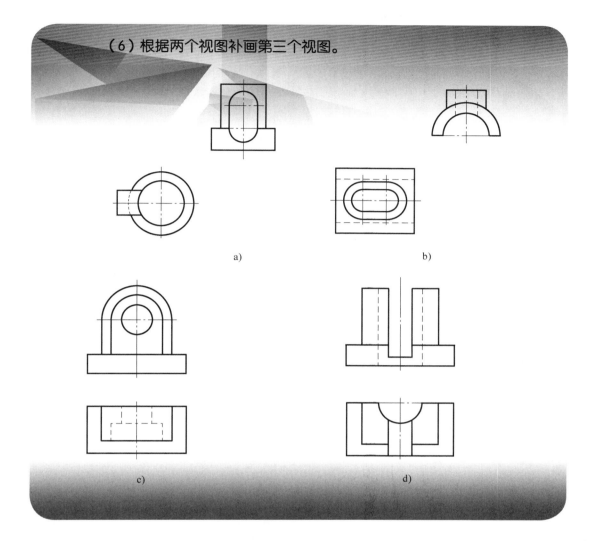

a)   b)

c)   d)

第四章

形体投影表达方法

学习目标

1. 掌握基本视图与辅助视图、剖面图、断面图的概念及应用

2. 掌握对称图形、相同要素图形、折断、局部省略的简化画法

在生产实践中，仅用三个视图有时难以将复杂物体的外部形状和内部结构同时表达清楚，为此，《房屋建筑制图统一标准》中规定了多种表达方法，绘图时可根据具体情况选用。

第一节 SECTION 1 视图

一、投影面体系

在我国《房屋建筑制图统一标准》中，将用正投影法投射所得的正投影图统称为视图。

如图 4-1 所示，在原有的水平面 H、正面 V、左侧面 W 三个投影面的基础上，再增加分别与 H、V、W 面平行的三个投影面，分别是底面 H_1、背面 V_1、右侧面 W_1，从而得到形体六个不同投影方向的六面视图，这六个视图称为基本视图。

在建筑行业中，通常把向 H 面投影所得的视图称为平面图，向 V 面投影所得的视图称为正立面图，向 W 面投影所得的视图称为左侧立面图；向新增的 H_1、V_1、W_1 面投影所得的视图分别为底面图、背立面图、右侧立面图。展开后的六个视图的相互位置如图 4-2a 所示。

在实际工作中，为了合理利用图纸，当在同一张图纸上绘制六面视图或仅画其中某几面视图时，视图的顺序可按图 4-2b 所示的主次关系从左至右依次排列。工程上有时也称以上六个基本视图为主视图（正视图）、俯视图、左视图、右视图、底视图、后视图。

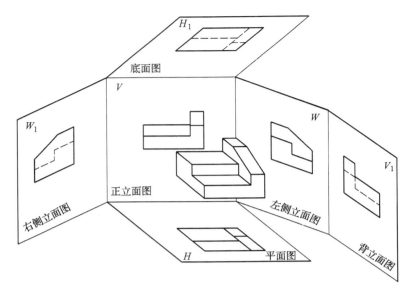

图 4-1　六面基本视图的展开图

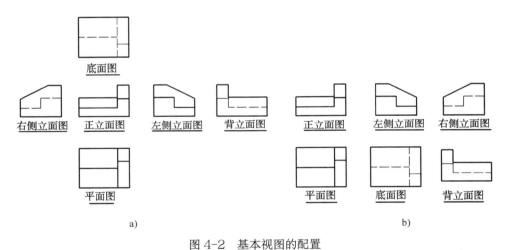

a) b)

图 4-2　基本视图的配置

a）按投影关系配置的六面视图　b）非标准配置的六面视图

二、三视图

（一）三视图的概念

在第二章第二节具体介绍过，三个投影面形成三个体系，出现三个投影轴 OX、OY、OZ，并且相互垂直交与原点 O。在三个体系中放置一个物体，使其主要面平行于投影面，用正投影法在 H、V、W 面中得到的三个投影图，称为三视图（可参考第二章中图 2-9）。其中，在 V 面上得到的投影图为主视图，又称正立面图；在 H 面上得到的投影图为俯视图，又称平面图；在 W 面上得到的投影图为左视图，又称侧立面图。

（二）三视图的画法

三视图中，正面投影的上、下、左、右反映物体上、下、左、右的空间关系；水平投影的上、下、左、右反映物体后、前、左、右的空间关系；侧面投影的上、下、左、右反映物体上、下、后、前的空间关系。具体画法详见第二章第二节有关于三面投影的画法。

三、辅助视图

（一）局部视图

当采用一定数量的基本视图尚未能清楚表达形体的某部分结构和形状，又没有必要再画出完整的基本视图时，可单独将这一部分的结构和形状向基本面投射，所得视图是一个不完整的视图，称为局部视图。

画局部视图时，要用大写字母和箭头指明投影部位和投影方向，并在相应的局部视图下方注上同样的大写字母，如图 4-3 所示。

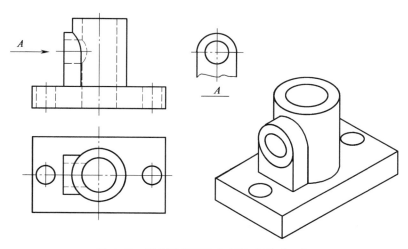

图 4-3 局部视图画法和标注方法（一）

局部视图一般按投影方向配置，必要时也可配置在其他适当位置，如图 4-4 的局部视图 B 所示。局部视图的范围应以视图的轮廓线和波浪线组合表示，如图 4-4 的局部视图 A 所示。但当表示的局部结构和形状完整，且轮廓线封闭时，波浪线可省略，如图 4-4 的局部视图 B 所示。

（二）展开视图

有些形体和各个面之间不全是互相垂直的，某些面与基本投影面平行，而另一些面

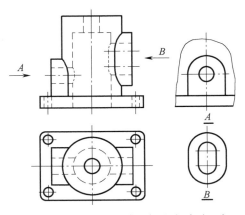

图4-4 局部视图画法和标注方法（二）

与基本投影面形成一定的角度。为了表达倾斜于基本投影面那部分的真实形状，设置一个与该部分表面平行的辅助投影面，然后将该部分向辅助投影面作正投影，所得到的视图称为展开视图，又称旋转视图。

如图4-5所示的建筑，左侧部分墙面平行于正立投影面，在正面上反映实形，而右侧墙面与正立投影面倾斜，其投影图不反映实形。为此，可以假想将墙面展开至与左侧墙面在同一平面上，这时再向正立投影面投射，则可以得到反映右侧墙面实形的投影图。

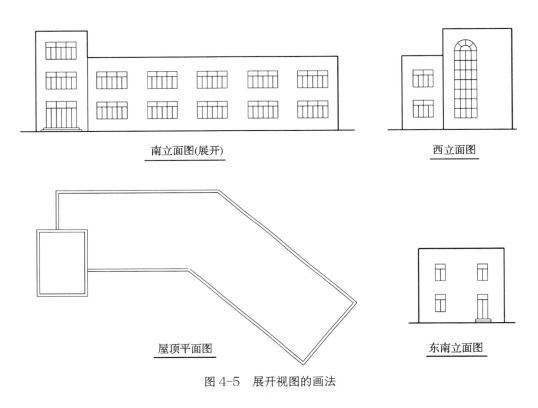

南立面图(展开)　　　　　　　　　　　　　西立面图

屋顶平面图　　　　　　　　　　　　　东南立面图

图4-5　展开视图的画法

展开视图可以省略标注旋转方向及字母，但应在图名后加注"展开"字样。

（三）镜像视图

当从上向下的正投影法所绘图样的虚线过多，尺寸标注不清楚，无法读图时，可以采用镜像投影的方法投射，如图4-6a所示，但应在原图名后注写"镜像"两字。绘图时，把镜面放在形体下方，代替水平投影面，形体在镜面中反射得到的图像称为"平面图（镜像）"，如图4-6c所示；或在平面图的旁边画一个如图4-6d所示的识别符号以示区别。

在室内设计中，镜像投影常用来反映室内顶棚的装修、灯具或古代建筑中室内房顶上藻井等构造情况。

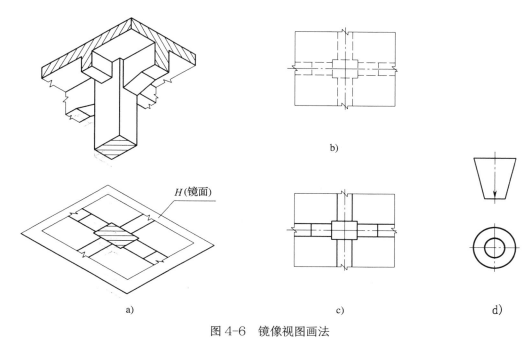

图 4-6 镜像视图画法

a) 示意图　b) 平面图　c) 平面图（镜像）　d) 识别符号

第二节

SECTION 2
剖面图

在工程图中，形体上可见的轮廓线用实线表示，不可见轮廓线用虚线表示。但当形体的内部结构比较复杂时，投影图就会出现很多虚线，给画图、读图和标注尺寸带来不便，容易产生差错。为解决以上问题，常选用剖面图来表达。

一、剖面图的形成

在如图 4-7 所示的杯形基础的正立面图中，其内部结构被外形挡住，因此在投影图上只能用虚线表示。为了将正面图中的凹槽用实线表示出来，现假想用一个正平面沿基础的对称面将其剖开，如图 4-8a 所示，然后移走观察者与剖切平面之间的那一部分形体，将剩余部分的形体向正立面投射，所得到的投影图称为剖面图，如图 4-8b 所示。用来剖开形体的平面称为剖切平面。

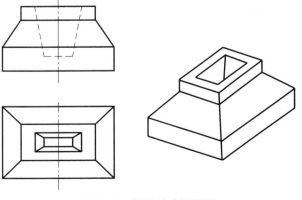

图 4-7　杯形基础投影图

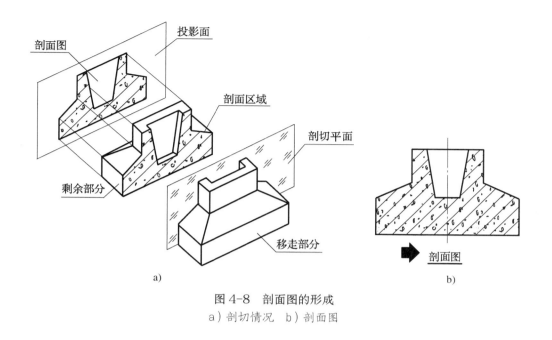

图 4-8 剖面图的形成
a) 剖切情况 b) 剖面图

二、剖面图的种类

根据不同的剖切方式，剖面图有全剖面图、半剖面图、阶梯剖面图、局部剖面图和旋转剖面图五种。

（一）全剖面图

假想用一个平面将形体全部剖开，然后画出剖面图，此图称为全剖面图，如图 4-9 所示。全剖面图一般用于不对称，或虽对称但外形简单、内部比较复杂的形体。

注意：剖切是假想的，其他视图仍按完整形体画出。

（二）半剖面图

如果形体对称，在垂直于对称平面的投影面上的投影，以对称线为分界，一半画成剖面图，另一半画成视图，这种组合的投影图称为半剖面图。这样既可以节省投影图的数量，又可以表达形体的外形和内部结构，如图 4-10 所示。

绘制半剖面图时，如图 4-11 所示应注意以下几点：

1. 半剖面图中视图与剖面图应以对称线为分界线，也可以用对称符号作为分界线。

2. 剖切后，在半剖面图中已清楚地表达了内部结构和形状，在另外半个视图中一般不画虚线。

3. 一般情况下当对称线竖直时，将半剖面图画在对称线的右边；当对称线水平时，将半剖面图画在对称线的下边。

4. 半剖面图的标注与全剖面图的标注相同。

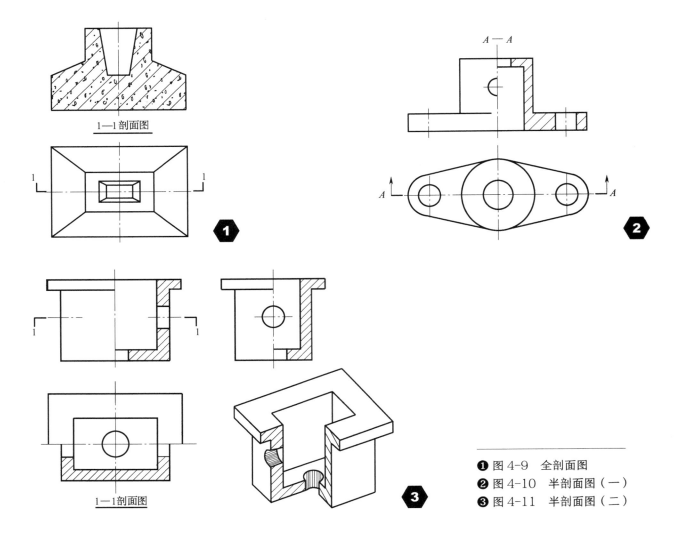

1—1剖面图

❶

A—A

❷

1—1剖面图

❸

❶ 图4-9　全剖面图
❷ 图4-10　半剖面图（一）
❸ 图4-11　半剖面图（二）

（三）阶梯剖面图

　　有的形体内部结构复杂，一个剖切平面不能将其内部结构完全表达出来时，可用两个或两个以上互相平行的剖切平面将形体剖切开，得到的剖面图称为阶梯剖面图。

　　如图4-12所示，形体有两个前后位置不同的洞，轴线不在同一平面上，因而难以用一个剖切平面（即全剖面图）表达其内部结构，为此采用了阶梯剖切的方式。

　　阶梯剖面图的标注与前面两种剖面图略有不同，要求在剖切平面的起止位置和转折处均有标注，画出剖切符号，并标注相同的数字编号。当剖切位置清晰，不至于引起误解时，转折处可以省略标注数字。

（四）局部剖面图

　　用局部剖切的方法表示形体内部的结构，所得的剖面图称为局部剖面图。显然，局部剖面图适用于内、外结构都需要表达，且又不具备对称条件或局部需要剖切的形体。在局部剖面图中，外形与剖面及剖面部分之间应以细波浪线分隔。

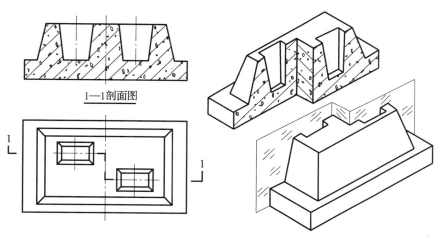

图 4-12　阶梯剖面图

波浪线只能画在形体的实体部分上，且既不能超出轮廓线，也不能与图上其他图线重合，如图 4-13 所示。

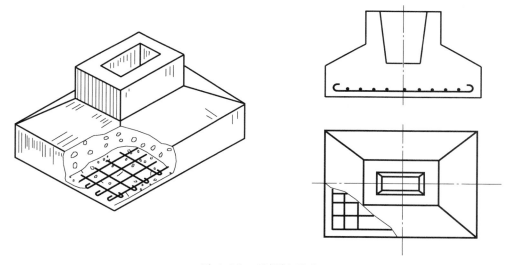

图 4-13　局部剖面图

局部剖面图一般不再进行标注，适用于表达形体的局部内部结构。在建筑工程和室内装饰工程中，常用分层剖切的方式画出楼面、层面、地面等的构造和所用材料，所得剖面图称为分层局部剖面图，如图 4-14 所示。

（五）旋转剖面图

用两个相交的剖切平面（交线垂直于基本投影面）剖开物体，把剖切得到的图形旋转到与投影面平行的位置，再进行投射，所得剖面图称为旋转剖面图。

绘制旋转剖面图时，常选取其中一个剖切平面平行于投影面，另一个剖切平面与该投影面倾斜，倾斜剖切平面整体绕它们的交线旋转到平行于投影面的位置上，再进行投

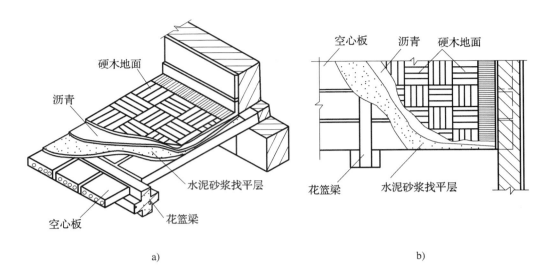

图 4-14 楼层地面分层局部剖面图
a）立体图 b）平面图

射。如图 4-15a 所示，检查井两个水管的轴线是斜交的，采用了相交于形体轴线的正平面和铅垂面作剖切面 1，沿两个水管的轴线把检查井切开，经旋转投影，得到 1—1 展开剖面图，如图 4-15b 所示。

2—2 剖面图是通过检查井上、下水管轴线作两个水平剖切平面而得到的阶梯剖面图。

旋转剖面图的标注与阶梯剖面图相同，按国家标准规定，在图名后加注"展开"字样。注意不要画出两相交剖切平面的交线。

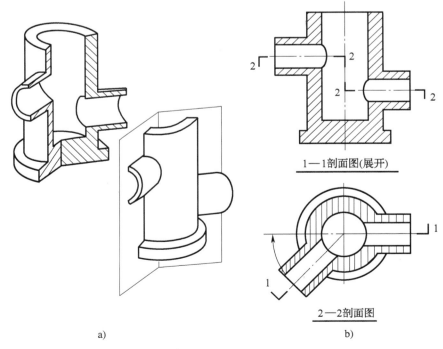

1—1剖面图(展开)

2—2剖面图

a）   b）

图 4-15 检查井的旋转剖面图
a）剖切情况 b）旋转剖面图的画法

三、剖面图的画法

下面以如图 4-16 所示的水池为例说明剖面图的画法。

1. 确定剖切平面的位置。所取剖切平面应平行于投影面，以便断面的投影反映实形；剖切平面应尽量通过形体的孔、槽等结构的轴线或对称面，使不可见变为可见，如图 4-16a 所示。

2. 画剖切符号并进行标注。剖切平面位置确定后，在投影图的相应位置画上剖切符号并进行编号，如图 4-16c 所示。

3. 画断面和剖开后剩余部分的轮廓线。对照图 4-16b、c，可以看出水池在同一投影面上的投影图和剖面图既有共同点，又有不同点。共同点是外形轮廓线相同，不同点是虚线在剖面图中变成实线，这就是依据投影图作相应剖面图的方法。

4. 填绘建筑材料图例。在断面轮廓线内填绘建筑材料图例，当建筑物的材料不明时，可用同向、等距的 45° 细实线来表示，见表 4-1。

5. 标注剖面图名称。

注意事项：

1. 剖切是假想的，形体并没有切去和移走一部分，因此，除剖面图外，其他视图仍应按原先未剖切时完整地画出。

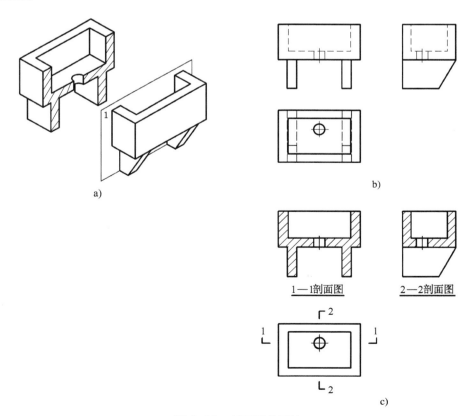

图 4-16 剖面图的画法
a）立体图 b）三视图 c）剖面图

表 4-1　常用建筑材料图例

名称	图例	说明
自然土壤		包括各种自然土壤
夯实土壤		分层洒水，素土夯实
沙、灰土		靠近轮廓线的点较密一些
毛石		
饰面砖		包括铺地砖、陶瓷锦砖、人造大理石等
混凝土		在断面图上画出钢筋时，不画此图例
钢筋混凝土		断面较窄不便画出图例时可涂黑
木材		上左：木砖、垫木 上中、右：横断面 下：纵断面
普通砖		包括砌体、砌块，断面较窄时可不画图
多孔材料		包括水泥珍珠岩、泡沫混凝土、加气混凝土等
玻璃		必要时注出名称，如茶色玻璃等
金属		包括各种金属，图形小时可涂黑
防水材料		构造层次多或比例较大时采用上图

2. 剖面图被剖切平面切到的部分（断面）的轮廓线用粗实线绘制。

3. 剖面图中一般不再画虚线。只有没有表达清楚的部分，必要时才画出虚线。

第三节 | SECTION 3 | 断面图

一、断面图的形成

假设用一个剖切平面将形体剖开，仅画出剖切平面与形体接触部分（截断面的形状）的图形称为断面图，如图 4-17c 所示为钢筋混凝土牛腿柱断面图。

二、断面图和剖面图的区别

断面图的断面轮廓线用粗实线绘制，断面轮廓线范围内绘制材料图例，画法与剖面图基本相同，有所区别的是：

1. 剖面图中包含断面图，除了画出断面的图形外，还要画出剖切后物体保留部分沿投影方向所能看到的投影；断面图只需画出物体被剖切后截断面的投影。

2. 标注的区别。剖面图的剖切符号要画出剖切位置和投影方向线；断面图只画剖切位置线，投影方向用编号所在的位置来表示，如 4-17c 所示。

3. 剖面图中的剖切平面可以转折，断面图中的剖切平面不可转折。

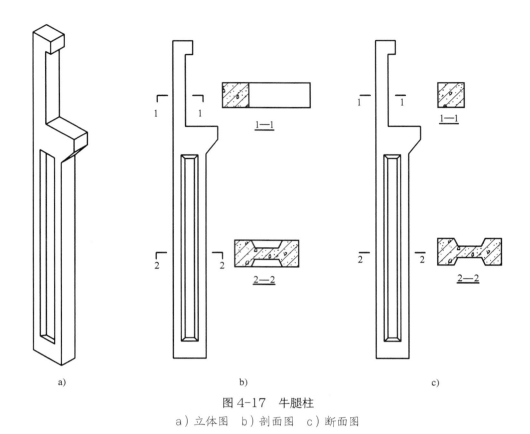

图 4-17 牛腿柱

a）立体图 b）剖面图 c）断面图

三、断面图的分类

断面图主要用来表示物体某一部位的截断面形状。根据断面图在图形中的位置不同，断面图又分为移出断面图、重合断面图和中断断面图。

（一）移出断面图

画在物体投影轮廓线之外的断面图称为移出断面图，如图 4-18 所示。图中的 1—1、2—2、3—3 断面图均为移出断面图。移出断面图的轮廓线用粗实线画出，可以画在剖切平面的延长线上或其他适当的位置，并画出材料图例。

（二）重合断面图

画在形体投影图轮廓线内截切位置的断面图称为重合断面图。重合断面图的断面轮廓线用粗实线画出。当投影图的轮廓线与断面图的轮廓线重叠时，投影图的轮廓线仍需要完整画出，不可间断。重合断面图不做任何标注，如图 4-19 所示。重合断面图常用来表示型钢、墙面的花饰、屋面的形状、坡度以及局部杆件等。

如图 4-20 所示为现浇钢筋混凝土楼板的重合断面图。它是用侧平剖切面剖开楼板所得到的截断面，经旋转重合在平面图上形成的。图中梁板断面图形窄，不易画出材料图例，所以涂黑表示。

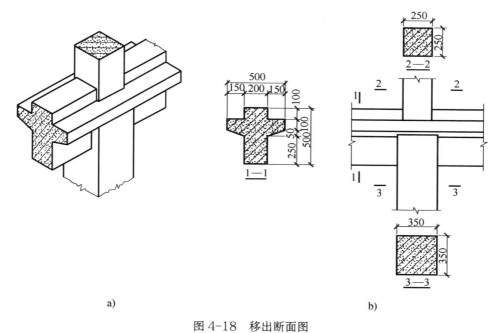

a)   b)

图 4-18 移出断面图
a）梁、柱节点立体图 b）梁、柱节点立面图和断面图

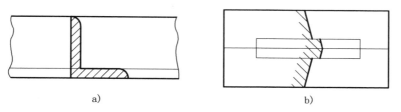

a)   b)

图 4-19 重合断面图
a）角钢立面图 b）房屋平面图

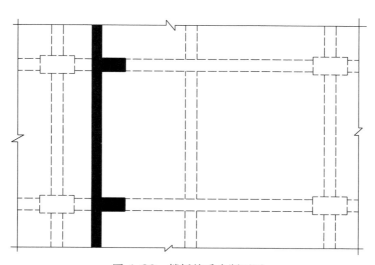

图 4-20 楼板的重合断面图

（三）中断断面图

有些构件较长且断面的形状不变，或只做某种简单的渐变，常把视图断开，把断面形状画在中断处，这种断面图称为中断断面图，如图 4-21 所示为横梁的中断断面图。中断断面图可不做任何标注。

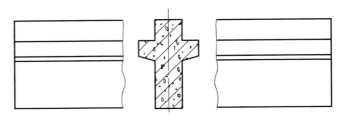

图 4-21　横梁的中断断面图

第四节 SECTION 4
简化画法

为了减少绘图的工作量，按国家标准规定可以采用下列简化画法。

一、对称图形的简化画法

当图形对称时，可视情况仅画出对称图形的 1/2 或 1/4，并在对称中心线上画上对称符号，如图 4-22 所示。

对称符号是用细实线绘制的两条平行线，其长度为 6 ~ 10 mm，平行线间距为 2 ~ 3 mm，画在对称线的两端，且平行线在对称线两侧的长度相等。

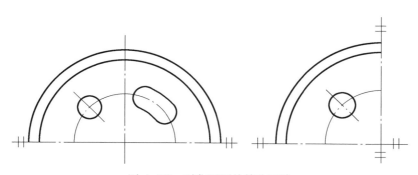

图 4-22　对称图形的简化画法

二、相同要素的省略画法

当物体上具有多个完全相同且连续排列的构造要素，可仅在两端或适当位置画出少数几个要素的完整形状，其余部分以中心线或中心线交点表示，然后标注相同要素的数量，如图 4-23 所示。

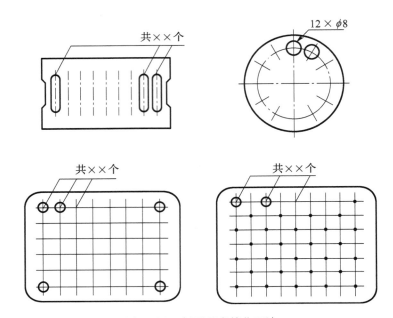

图 4-23 相同要素简化画法

三、折断简化画法

对于较长的构件，如果沿长度方向的形状相同或按一定规律变化，可只画出物体的两端，而将中间折断部分省去不画，在断开处应以折断线表示，其尺寸应按折断前原长度标注，如图 4-24 所示。

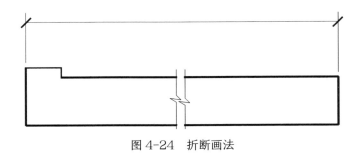

图 4-24 折断画法

四、局部省略画法

当所绘制的构件图形与另一构件的图形仅一部分不相同时，可只画出另一构件的不同部分，用连接符号表示相连，两个连接符号应对准在同一条线上，如图 4-25 所示。

同一构件如绘制的位置不够时，也可将该构件分成两部分绘制，再用连接符号表示相连，如图 4-26 所示。

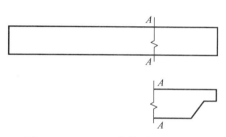

图 4-25　只画一构件的不同部分

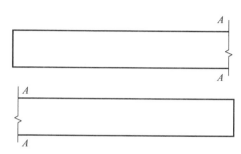

图 4-26　将构件分成两部分绘制

思考与练习

1. 问答题

（1）基本视图包括哪六个视图？

（2）绘制半剖面图时应注意哪些事项？

（3）局部剖面图适合哪些情况使用？

（4）剖面图的标注有哪几方面的规定？

（5）断面图与剖面图有哪几方面的区别？

2. 填空题

（1）根据不同的剖切方式，剖面图有_____剖面图、_____剖面图、_____剖面图、_____剖面图和_____剖面图。

（2）如果形体对称，在垂直于对称平面的投影面上的投影，以对称线为分界，一半画成剖面图，另一半画成视图，这种组合的投影图称为_____剖面图。

（3）局部剖面图的波浪线只能画在形体的_____部分上，且既不能超出_____线，也不能与图上_____重合。

（4）根据断面图在图形中的位置不同，分为_____断面图、_____断面图和_____断面图。

（5）当图形对称时，可视情况仅画出对称图形的_____或_____，并在对称中心线上画上对称符号。

（6）当物体上具有多个完全相同且连续排列的构造要素，可仅在_____或适当位置画出少数几个要素的_____形状，其余部分以_____或中心线_____表示，然后标注相同要素的数量。

（7）对于较长的构件，如果沿长度方向的形状相同或按一定规律变化，可只画出物体的_____，而将中间折断部分_____，在断开处应以_____表示，其尺寸应按折断前原长度标注。

3. 作图题

（1）作1—1剖面图，并指出属于哪一种类型的剖面图。

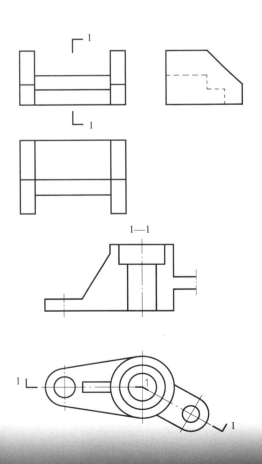

（2）画1—1重合断面图、2—2移出断面图。

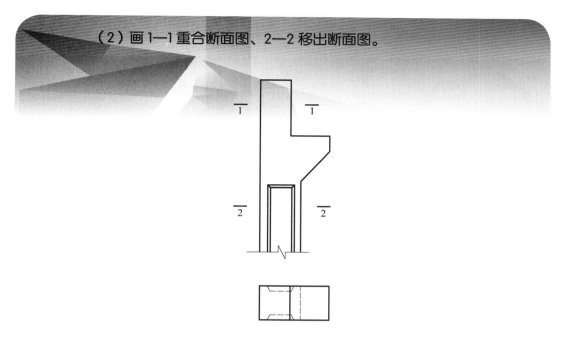

（3）补画主视图缺少的图线，并在剖面图中画上混凝土的图例。

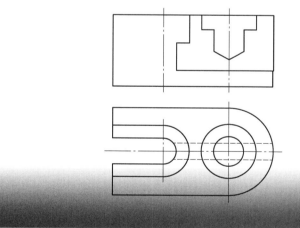

第五章

建筑施工图

学习目标

1. 了解建筑的结构形式与组成、施工图的分类

2. 掌握建筑施工图中常用的符号和图例

3. 掌握建筑总平面图、建筑平面图、建筑立面图、建筑剖面图和建筑详图的画法

室内设计是在已有房屋初装修的基础上进行的二次设计，因此，室内设计实质是建筑设计的延续与深化。室内设计师必须具备绘制、阅读与室内设计密切相关的各种建筑施工图的能力，这种能力是从事室内设计工作的基础和前提。

第一节 | SECTION 1
建筑施工图概述

现代建筑工程都要经过主体规划、方案论证、施工图设计、按图施工和验收等阶段才能交付使用。把想象中的建筑按国家标准规定用正投影画出的图样，称为建筑图；设计过程中用来研究、比较、审批等反映建筑功能、内外概貌和设计意图的图样，称为初步设计图；为施工服务的图样称为施工图。施工图是施工设计的结果，也是指导工程施工的依据。

一、建筑结构形式与基本组成

（一）建筑结构形式

建筑结构形式有多种类型，也有不同的分类方法，其中常见的是按建筑物主要承重构件所用材料分类，见表 5-1。

（二）建筑基本组成

虽然建筑的使用要求、空间组合、外形处理、结构形式和规模大小等各有不同，但它们的组成是大同小异的。建筑的基本组成如图 5-1 所示，其作用见表 5-2。

表 5-1　建筑结构形式类型

序号	结构类型名称	识别特征（主要承重构件所用材料）	适用范围
1	木结构	木材	单层建筑
2	混合结构	砖木和钢筋混凝土	单层或多层建筑
3	钢筋混凝土结构	钢筋混凝土	多层、高层、超高层建筑
4	钢与混凝土组合结构	型钢和钢筋混凝土	超高层建筑
5	钢结构	型钢	重型厂房、受动力作用的厂房、可移动或可拆卸的建筑、超高层建筑、高耸建筑

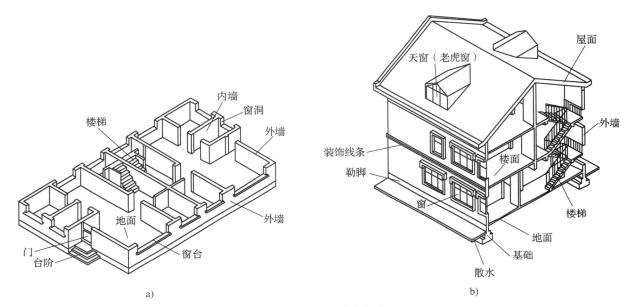

图 5-1　建筑的基本组成
a）建筑的内部组成　b）建筑的外部组成

表 5-2　建筑的基本组成和作用

序号	建筑的基本组成	作用
1	基础、柱	承受和传递荷载
2	楼面	承载
3	屋顶、墙、雨篷等	遮挡、隔热、保温、避风遮雨
4	屋面、天沟、雨水管、散水	排水
5	台阶、门、走廊、楼梯	沟通房屋内外、上下交通
6	窗	采光和通风
7	勒脚、踢脚板	保护墙身

二、施工图的形成与分类

（一）施工图的形成

1. 初步设计阶段

初步设计阶段主要是根据建筑项目的设计任务，明确要求，收集资料，调查研究，并对建筑的主要问题，如建筑的平面布置、水平与垂直交通的安排、建筑外形与内部空间处理的基本意图、建筑与周围环境的整体关系、建筑材料与结构形式的选择等进行初步考虑，形成表达设计意图的平面图、立面图、剖面图等方案设计图。

方案设计图确定后，需要进一步解决结构造型及布置、各工种之间的配合等技术问题，从而对方案作进一步修改，按一定的比例绘制初步设计图。初步设计图包括总平面图、建筑平面图、立面图、剖面图等。此外，通常还加绘彩色透视图，表达建筑外部形态和颜色搭配。必要时，还要制作缩小比例的模型。

2. 施工图设计阶段

依据报批获准的初步设计图，按照施工的要求予以具体化，要求尽可能用详尽的图形、尺寸、文字、表格等方式，把建筑工程的有关情况表达清楚，为施工安装、编制工程概预算、工程竣工验收等工作提供完整的依据。

（二）施工图的分类与编号

1. 施工图的分类

建筑工程建造需要多个工种的密切配合，因此，会产生表 5-3 所列的指导不同工种施工的图样。

表 5-3 施工图的种类

施工图种类	简称	内容
建筑施工图	建施	主要表示建筑总平面图、立面图、剖面图、详图
结构施工图	结施	主要表示建筑承重结构的布置、构件类型、数量、大小及做法
设备施工图	设施	主要表示各种设备、管道和线路的布置、走向以及安装施工要求等 设备施工图又分为给水排水施工图（水施）、供暖施工图（暖施）、通风与空调施工图（通施）、电气施工图（电施）等 设备施工图一般包括平面布置图、系统图和详图

2. 施工图的编号

施工图数量多，可以通过按工种分类编号来查找，如建施—45 代表建筑施工图第 45 页，结施—26 代表结构施工图第 26 页，设施—32 代表设备施工图第 32 页。施工图编号除了按工种区分外，有时还需加上适合使用的地区名。

（三）建筑施工图的内容

建筑施工图用来表现建筑的位置、形状、构造、大小尺寸以及有关材料及做法等，主要包括：①图纸目录；②建筑设计说明；③建筑总平面图；④建筑平、立、剖面图；⑤建筑详图。

三、施工图中常用的符号和图例

（一）定位轴线与编号

在建筑施工图中，将用来表示承重的墙或柱子位置的中心线称为定位轴线。画图时在轴线的端部用中实线画一个直径为 8 ~ 10 mm 的圆圈，并在其中注明编号。轴线编号注写的原则是：水平方向，由左至右用阿拉伯数字顺序注写；垂直方向，由下而上用字母注写。国标规定，字母 I、O、Z 不得用作轴线编号，如图 5-2 所示。

建筑物中有些次要承重构件不处在主要承重构件形成的轴线网上，这种构件的轴线编号用分数表示附加轴线，如图 5-3 所示。附加轴线编号中，分母表示主要承重构件编号，分子表示主轴线后或前的第几条附加轴线的编号。轴线之前的附加轴编号只用于 A、1 轴线。

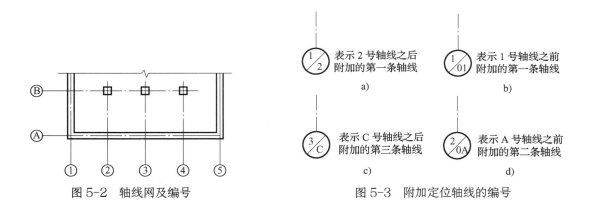

图 5-2　轴线网及编号　　　　　　图 5-3　附加定位轴线的编号

（二）标高

建筑施工图中，为说明建筑物中某一表面的高度，常用标高符号表明。标高有两种形式：一是以海平面为测绘零点的绝对标高，二是以房屋建筑底层主要地面为测绘零点的相对标高。

标高以米为单位，其中绝对标高精确到厘米，相对标高精确到毫米。测绘零点的高度定为 ±0.000，高于零点的表面高度用正数表示，如 3.200、6.400 等；低于零点的表面高度用负数表示，如 -0.450、-0.600 等。

总平面图的室外地坪、道路控制点的高度，采用绝对标高表示；建筑平面、立面、剖面图以及各种建筑详图，其重要表面的高度采用相对标高表示。标高的画法如图 5-4 所示。

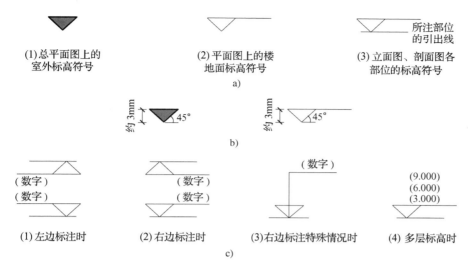

图 5-4 标高符号的画法及标注

a）标高符号形式 b）具体画法 c）立面图与剖面图上标高符号注法

（三）索引符号与详图符号

详图在建筑施工图中，对某些需要放大说明的部位，使用索引符号指明。放大后的详细图样，用详图符号表明。索引符号与详图符号互相对应，便于查找与阅读。

详图索引符号的编号画成直径为 8 ~ 10 mm 的细线圆，如图 5-5 所示。详图符号画成直径为 14 mm 的粗线圆，如图 5-6 所示。

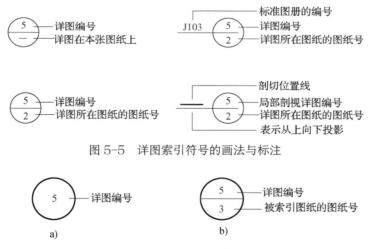

图 5-5 详图索引符号的画法与标注

图 5-6 详图符号的画法与标注

a）与被索引图样在同一图纸内 b）与被索引图样不在同一图纸内

（四）引出线与注解

在建筑施工图中，对建筑材料、构造做法及施工要求等投影无法表明的问题要用引出线，并用文字注解进行说明，如图 5-7 所示。

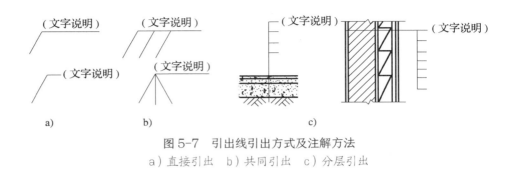

图 5-7　引出线引出方式及注解方法

a）直接引出　b）共同引出　c）分层引出

（五）对称符号、连接符号和指北针

对称符号：如图 5-8a 所示，表明轴线两侧图形对称，使用对称符号画图时可只画出符号一侧的半个图形而将另一半省略不画。对称符号的画法参照第四章第四节简化画法中的要求。

连接符号：如图 5-8b 所示，两长断线之间的形体与断线两侧形状相同时，可用连接符号省去中间部分。

指北针：在平面图中用指北针符号指明朝向。圆圈直径为 24 mm，用细实线画出；尾部宽约 3 mm，针尖所指为北，如图 5-8c 所示。

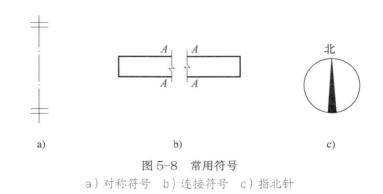

图 5-8　常用符号

a）对称符号　b）连接符号　c）指北针

（六）建筑施工图常用图例

为简化作图，建筑施工图常用约定的图例表示建筑材料。在建筑施工图中，比例小于或等于 1：50 的平面图、剖面图，砖墙的图例不画斜线；比例小于或等于 1：100 的平面图、剖面图，钢筋混凝土构件，如柱、梁、板等的建筑材料图例可简化为涂黑。

表 5-4 为建筑施工图中常用的建筑构造和配件图例。

表 5-4　常用建筑构造和配件图例

名称	图例	说明
楼梯	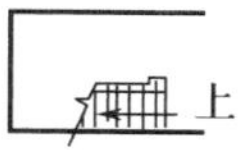 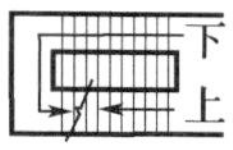 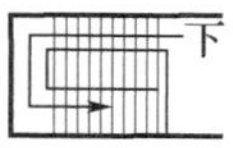 上 下 上 下	1. 上图为底层楼梯平面，中图为中间层楼梯平面，下图为顶层楼梯平面 2. 楼梯及栏杆扶手的形式和步数应按实际情况绘制
检查孔	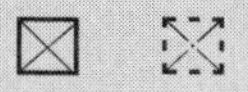 ⊠ ▨	左图为可见检查孔 右图为不可见检查孔
孔洞	◨ ○	阴影部分可以涂色代替
坑槽	 ◨ ○	
烟道	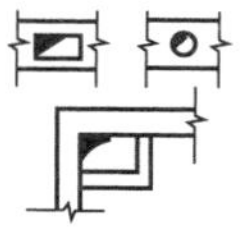	阴影部分可以涂色代替 烟道与墙体为同一材料，其相接处墙身线应断开
通风道	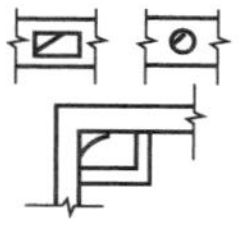	
单扇门（包括平开或单面弹簧）	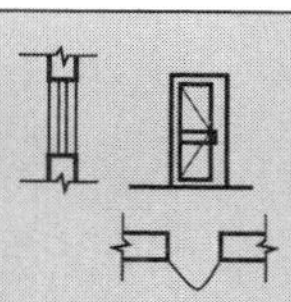	1. 门的名称代号用 M 表示 2. 图例中剖面图左为外、右为内，平面图下为外、上为内 3. 立面图上开启方向线交角的一侧为安装合页的一侧，实线为外开，虚线为内开 4. 平面图上门线 90°或 45°开启，开启弧线宜绘出 5. 立面图上的开启线在一般设计图中可不表示，在详图及室内设计图上应表示 6. 立面形式应按实际情况绘制
双扇门（包括平开或单面弹簧）	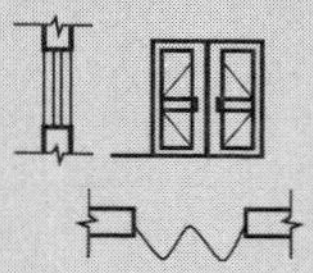	
对开折叠门	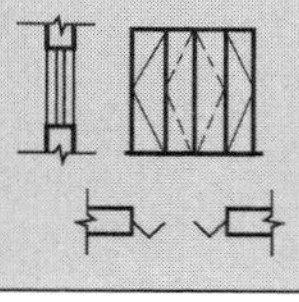	
墙中单扇推拉门	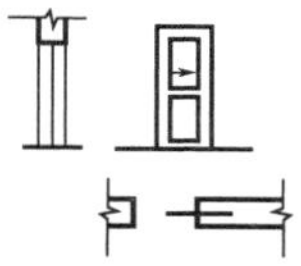	同单扇门等的说明中的 1、2、6
单扇双面弹簧门	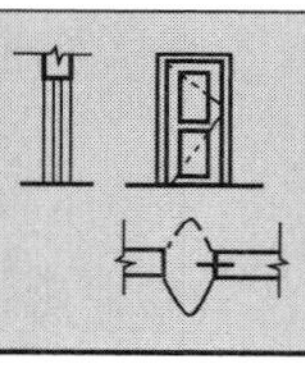	同单扇门等的说明

名称	图例	说明
双扇双面弹簧门		同单扇门等的说明
单层固定窗	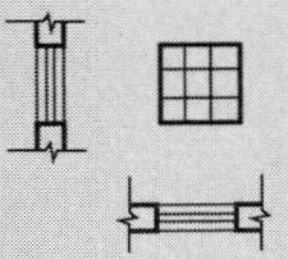	1. 窗的名称代号用 C 表示 2. 立面图中的斜线表示窗的开启方向，实线为外开，虚线为内开；开启方向线交角的一侧为安装合页的一侧，一般设计图中可不表示 3. 图例中，剖面图所示左为外，右为内，平面图所示下为外，上为内 4. 平、剖面图上的虚线，仅说明开关方式，在设计图中不需要表示 5. 窗的立面形式应按实际绘制 6. 小比例绘图时，平、剖面的窗线可用单粗实线表示
单层外开上悬窗	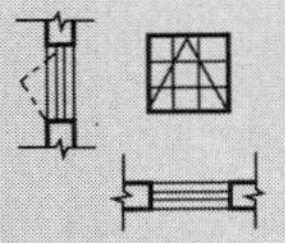	
单层中悬窗	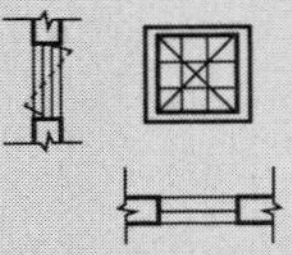	
单层外开平开窗	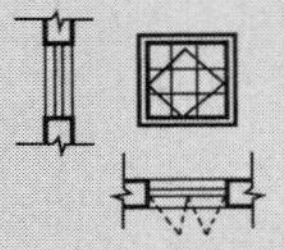	
推拉窗	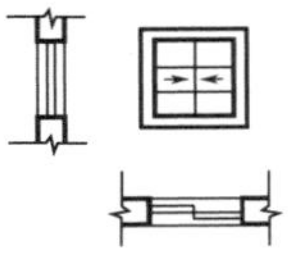	同单层固定窗等说明中的 1、3、5、6

第二节

SECTION 2

建筑总平面图

一、总平面图图示方法与内容

建筑总平面图是建筑小区总体规划设计的产物，可看成是小区的水平投影图，主要用它说明新建筑物的平面形状、位置、朝向、高度以及与周围环境（如原有建筑物、道路、绿化等）之间的关系。

总平面图是新建建筑物施工定位和规划布置场地的依据，也是管线总平面图规划布置的依据。

二、总平面图规定和画法

（一）比例

建筑总平面图所表示的范围比较大，一般采用较小的比例。常用的比例有
1：500、1：1 000、1：2 000等。

（二）图例和线型

总平面图上的内容一般用图例表示，常用的图例见表 5-5。当标准所列图例不够用时，可以自编图例，但要加以说明。

表5-5　总平面图常用图例

名称	图例	备注
新建建筑物	$X=$ $Y=$ ① 12F/2D $H=59.00m$ ▲	建筑物一般以±0.00高度处的外墙定位轴线交叉点坐标定位。轴线用线实线表示，并标明轴线标号。根据不同设计阶段标注建筑编号，地上、地下层数，建筑高度及建筑出入口位置。需要时，地面以上建筑用中粗实线表示，地面以下建筑用粗虚线表示
原有建筑物		用细实线表示
计划扩建的预留地或建筑物		用中虚线表示
拆除的建筑物		用细实线表示
铺砌场地		
敞棚或敞廊		
围墙及大门		上图为实体性质的围墙，下图为通透性质的围墙，若仅表示围墙时不画大门
露天桥式起重机		"+"为柱子位置
坐标	$X=105.00$ $Y=425.00$ $A=105.00$ $B=425.00$	上图表示测量坐标，下图表示建筑坐标
填挖边坡		边坡较长时，可在一端或两端局部表示
护坡		下边线为虚线时，表示填方
雨水口与消火栓井		上图表示雨水口，下图表示消火栓井
室内标高	151.000 ▽ (±0.00)	

续表

名称	图例	备注
室外标高	●143.00　▼143.00	室外标高也可采用等高线表示
新建的道路		"R9"表示道路转弯半径为9 m，"150.00"为路面中心的控制点标高，"0.6"表示0.6%的纵向坡度，"101.00"表示变坡点间距离
原有道路		
计划扩建的道路		
人行道		
桥梁（公路桥）		用于旱桥时应注明
常绿针叶树		
常绿阔叶乔木		
常绿阔叶灌木		
落叶阔叶灌木		
草坪		
花坛		
绿篱		

从图例可以看出，新建建筑物外形轮廓线用粗实线绘制，新建的道路、桥梁、围墙等用中实线绘制，计划扩建的建筑物用中虚线绘制，原有的建筑物、道路以及坐标网、尺寸线、引出线等用细实线绘制。

（三）地形

当地形复杂时，要画出等高线，表明地形的高低起伏变化。

（四）尺寸标注与标高注法

总平面图中，新建建筑物的总长和总宽、新建建筑物与原有建筑物或道路的间距、新增道路的宽度等要标注尺寸。尺寸以米为单位，在图纸上不需要写出单位。

总平面图的标高为绝对标高，尺寸数字一般以米为单位，并保留到小数点后两位。

（五）指北针和风向玫瑰图

总平面图按上北下南方向绘制。考虑场地形状或布局，可稍向左或右偏转，但不宜超过 45°。指北针的画法，如图 5-8c 所示。

风向玫瑰图是某一地区在某一时段内各风向出现频率的统计图，因其图形像玫瑰花而得名。风向玫瑰图一般画出 16 个方向的长短线来表示该地区常年的风向频率，有箭头的方向为北向，如图 5-9 所示。绘制了风向玫瑰图，就不必绘制指北针。

图 5-9　风向玫瑰图

三、总平面图的识读

图 5-10 是某单位总平面图，从中可以看出：总平面图实际只有建筑物的外轮廓符合投影关系，其他都是以国标中规定的图例符号绘出。

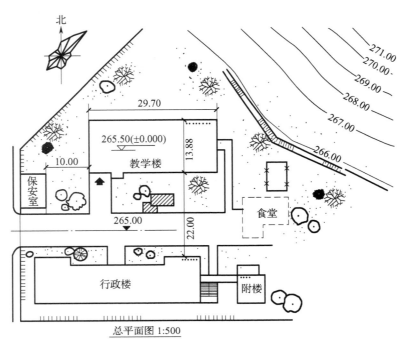

图 5-10　某单位总平面图

读图时应首先明确新建房屋的位置和朝向。图中用粗线画出的建筑平面图形是表明新建房屋的位置、朝向及入口。平面轮廓内的数字"265.50（±0.000）"表明底层地坪的绝对标高是 265.50 m。图形内的 8 个小黑点表明该建筑物共 8 层。新建房屋的位置是通过已有建筑物的相互关系来确定的，图中可知教学楼与行政楼的距离为22 m。

总平面图中，用细实线绘制已建成正被使用的建筑物，如行政楼；用虚线绘制以后再行建造的房屋；用细线绘制并打 × 号者表示欲进行拆除的建筑。

区内道路设置状况用细线画出。道路的中心或交叉点处用绝对标高标注高度。另外，还可以看出规划区的用地范围、区内绿化状况及周围环境等情况。

图中左上角的风向玫瑰图表明该地区常年风向以东北方向风频线最长，即主导风向是东北风。

图中小区东北方向地势抬升较明显，从等高线可以看出地面从 266.00 m 逐步升高到 271.00 m，坡脚处画出长短相间的细实线是人工护坡符号，护坡以下地势比较平坦便不需用等高线标明了。

第三节 | SECTION 3 建筑平面图

一、图示方法和内容

假想用一水平面剖切平面，沿着各层门、窗洞口处将建筑物切开，移去剖切平面以上部分，向下投影所作的水平剖面图，称为建筑平面图，如图 5-11 所示。平面图是放线、砌筑墙体、安装门窗、做室内装修及编制预算、备料等的基本依据。

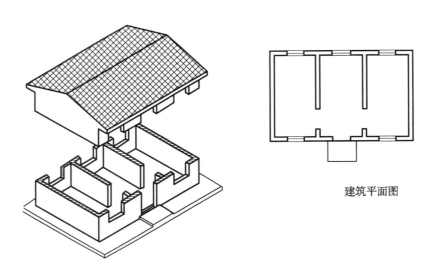

建筑平面图

图 5-11　建筑平面图的形成

如果是多层建筑，沿首层剖开所得到的全剖面图称为首层平面图。依此类推，沿二层、三层……剖开所得到的全剖面图则相应称为二层平面图、三层平面图等。通常建筑有几层，就画出几层的平面图，并在图的下方注明相应的图名和比例。如果楼层的平面布局完全相同，可共用一个平面图，图名为标准层平面图或 X—Y 层平面图（如四—八层平面图）。此外，还有屋面平面图。

首层平面图除了画出该层的水平投影外，还要画出与建筑有关的台阶、花池、散水等投影。二层以上平面图除画出本层范围的投影内容外，还要画出下一层平面图无法表达的雨篷、阳台、窗眉等内容。屋顶平面图是用来表达建筑屋顶的形状、女儿墙位置、屋面排水方式、坡度、排水管位置等的图样。

平面图需要表达的建筑构造包括阳台、台阶、雨篷、踏步、斜坡、通气竖井、管线竖井、雨水管、散水、排水沟、花池等。建筑配件包括卫生器具、水池、工作台、橱柜以及各种设备等。建筑构造和配件图例参见表 5-4。

二、有关规定和画法

（一）比例与图例

建筑平面图的比例应根据建筑物的大小和复杂程度选定，常用比例为 1：200、1：100、1：50，其中 1：100 比例使用居多。

（二）定位轴线

定位轴线确定了建筑物各承重的定位和布局，也是其他建筑构配件的尺寸基准线。定位轴线的画法和编号如图 5-3 所示。建筑平面图中的定位轴线编号确定了，其他图样的轴线编号应与之一致。

（三）图线

被剖切的墙、柱的断面轮廓用粗实线画出。钢筋混凝土的墙、柱断面涂黑表示。粉刷层在 1：100 的平面图中不必画出，而 1：50 或更大的比例时，用中实线画出。没有剖切的可见轮廓线，如窗台、台阶、明沟、楼梯和阳台等用中实线画出；较简单的图样，也可以用细实线画出。尺寸线与尺寸界线、标高符号、轴号等用中实线画出。

（四）门窗与编号

门与窗按图例画出。门线用 90°或 45°的中实线（或细实线）表示开启方向；窗线用平行的细实线表示窗框和窗扇。

门窗的代号用拼音的第一个字母表示，分别是"M"和"C"。选用的门窗是标准设计或门窗标准图册中的型号，用代号标注。门窗代号的后面都注有阿拉伯数字编号，同一类型和大小的门窗用同一代号和编号。

为了方便工程预算、订货与加工，通常建立门窗明细表，列出该建筑所选用的门窗编号、洞口尺寸、数量、采用标准图集与编号等。

（五）尺寸与标高

建筑平面图的尺寸包括外部尺寸和内部尺寸。外部尺寸通常不超过三道，标注在图形下方和左方。最外面一道为外轮廓的总尺寸；第二道表示轴线之间的距离；最里面一道是细部尺寸，表示门窗洞口的宽度和位置、墙柱的大小和位置等。内部尺寸用来表示室内的门窗洞、孔洞、墙厚、房间净空和固定设施等的大小和位置。

通常首层地面标注为相对标高 ±0.000，其他楼层、室内地面、屋面等都以此为基准标注相对高度。

三、建筑平面图范例识读

图 5-12 ~ 图 5-15 是某住宅的建筑平面图，现以首层平面图、二层平面图、三层平面图和屋顶平面图的顺序进行识读。

（一）识读首层平面图

图 5-12 是某住宅的平面图，用 1 : 100 的比例绘制。从指北针可知，该住宅坐北朝南，大门在南面。住宅门外有平台和台阶，屋内有客厅、餐厅、厨房、卧室（2 间）、卫生间和洗衣房。客厅、餐厅、厨房和卧室的标高为 ±0.000 m，卫生间和洗衣房标高为 –0.020 m；比客厅地面低 20 mm；门外平台标高为 –0.050 m，比室内客厅低 50 mm；室外地面标高为 –0.300 m，比门外平台低 250 mm，并有两级台阶。

住宅的轴线以墙中心定位，墙的中心线与轴线重合。横向轴线从 1—5，纵向轴线从 A—K。

剖切到的墙体用粗实线双线绘制，墙厚 240 mm。涂黑的是钢筋混凝土柱，因为截面是正方形，称为方柱（截面长方形的柱称为扁柱，T 形和 L 形等统称为异形柱）。柱子是主要承重构件，其断面尺寸通常经受力计算分析后在结构施工图中标注。

平面图的下方和左方标注了三道尺寸。最外面的第一道尺寸为总体尺寸，反映住宅定位轴线的总长和总宽。本住宅总定位轴线长 13 700 mm，总定位轴线宽 15 800 mm。第二道尺寸为定位轴线尺寸，反映定位柱墙间距，如南面①轴与②轴间距为 4 200 mm。第三道为细部尺寸，是柱间门窗洞的尺寸或柱间墙尺寸，如平面图左下角 C2 窗洞宽 2 400 mm，距①轴与②轴均为 900 mm。

洗衣房 C6 窗用细虚线图例，表示为高窗，窗宽 900 mm。

图中剖切符号 1—1 表示剖面图的剖切位置。散水和台阶有索引符号，卫生间有详图说明，可以根据这些提示，查找这些位置的详细图解。

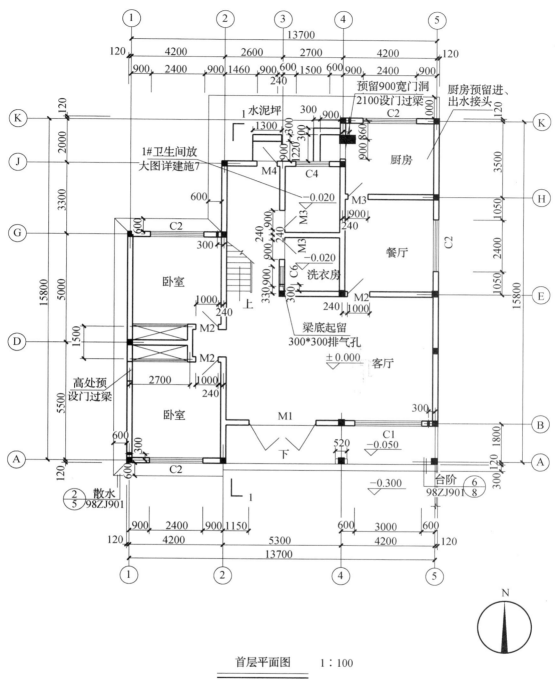

首层平面图　　1：100

图 5-12　某住宅首层平面图

（二）识读二层平面图

图 5-13 是住宅的二层平面图，同样是用 1：100 比例绘制的。与首层平面图相比，没有了室外的台阶、散水等室外附属设施，以及指北针。屋内布置有起居室、卧室、书房和卫生间。室内标高 3.6 m，也就是二层楼面标高。卫生间标高 3.58 m，比室内低 20 mm。右下角是阳台，结构标高 3.45 mm，画有坡度（泛水）2% 和排水管。

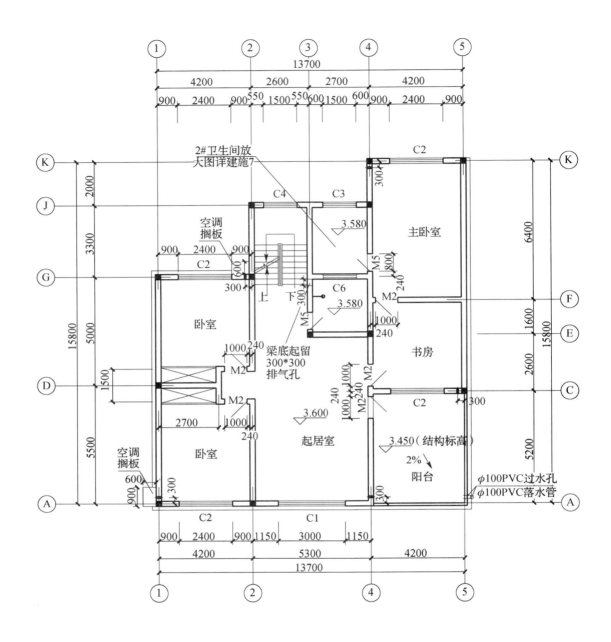

二层平面图　　1∶100

图 5-13　某住宅二层平面图

　　卫生间有详图索引说明。根据说明可以查阅卫生间的具体内容。卫生间 C6 窗用细虚线图例，表示为高窗，窗宽 1 500 mm，与 C3 宽度一致。

（三）识读三层平面图

　　图 5-14 是住宅的三层平面图，所用比例也是 1∶100。室内有起居室、卧室和卫生间；室外有三个阳台以及二层屋面。室内标高 6.6 m，卫生间标高 6.58 m，比室内低 20 mm。

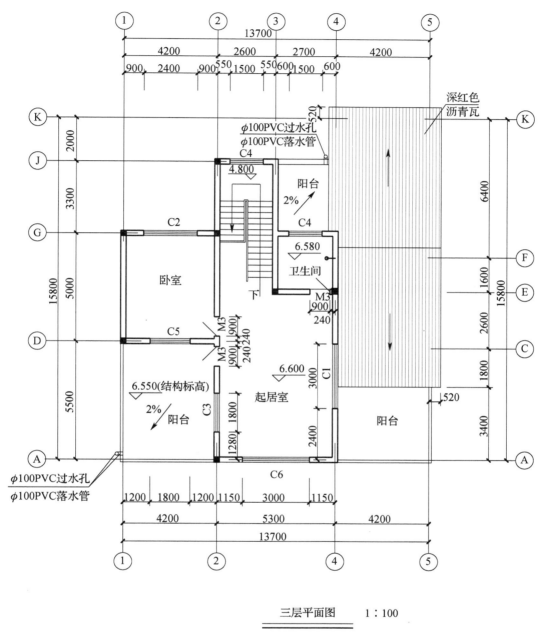

三层平面图　　1:100

图 5-14　某住宅三层平面图

阳台结构标高 6.55 mm，画有坡度 2% 和排水管。箭头方向为排水方向。

坡屋面上铺深红色沥青瓦，画有分水线。

（四）识读屋顶平面图

图 5-15 是住宅的屋顶平面图，也是用 1:100 比例绘制的。屋顶平面图比较简单，也可用较小的比例绘制。坡屋面上铺深红色沥青瓦。

屋顶平面图可以见到三层的阳台，画有太阳能热水器和成品水箱的图例。

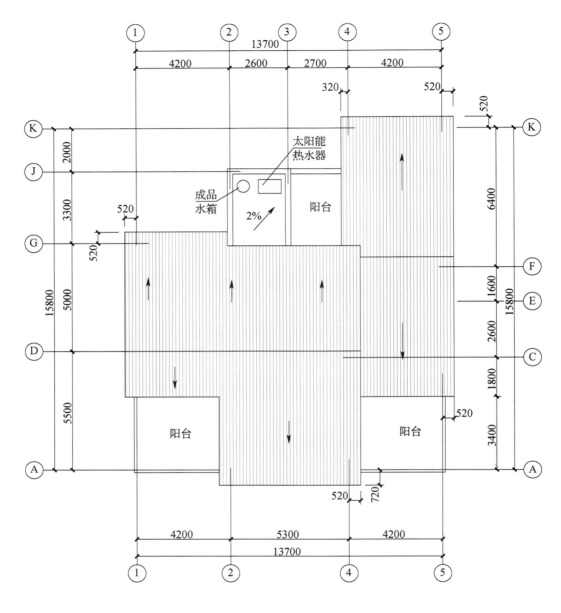

屋顶平面图 1：100

图 5-15 某住宅屋顶平面图

四、建筑平面图的绘制步骤

绘制建筑平面图按以下步骤进行，如图 5-16 所示。

（一）绘制定位轴线。

（二）绘制墙和柱的轮廓线。

（三）绘制门窗洞和细部构造。

（四）标注尺寸等。

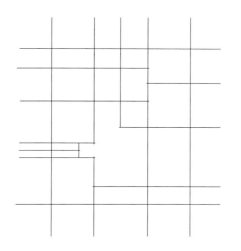

1.绘制定位轴线

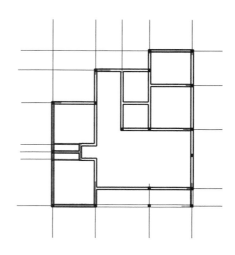

2.绘制墙、柱的轮廓线

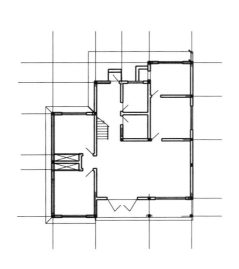

3.绘制门窗洞和细部构造

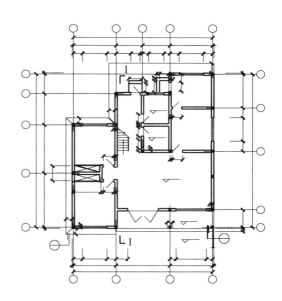

4.加深图线、标注尺寸、输入文字等，完成全图

图 5-16 绘制建筑平面图的步骤

第四节 | SECTION 4 建筑立面图

一、图示方法和内容

建筑立面图是建筑物在与建筑立面平行的投影面上投影所得的正投影图，主要表示建筑物外形外貌、高度和墙面的装饰材料等。

原则上，东南西北每个立面都要画出立面图。反映建筑物主要出入口，或反映主要造型特征的立面图称为正立面图，两侧的则称左、右立面图。立面图也可以按建筑物的朝向命名，如南立面图、东立面图等；也可以按立面图两端的轴线编号从左至右命名，如①～⑩立面图等。

建筑物立面如果不平行于投影面的，如圆弧形、折线形、曲线形等，可以将这部分展开与投影面平行，再用正投影法画出其立面图，注意要在图名后注写"展开"二字。

二、有关规定和画法

（一）比例与图例

和建筑平面图一样，建筑立面图使用比例通常为 1：50、1：100、1：200，其中 1：100 比例使用居多。立面图的建筑构造与配件使用图例绘制，见表 5-4。外墙面的装饰材料、做法、色彩等用文字或列表说明。

（二）定位轴线

建筑立面图一般只画出两端的定位轴线和编号，以便与平面图对照。

（三）图线

建筑立面的最外轮廓线用粗实线画出，使建筑物的轮廓突出、层次分明。室外地坪线用加粗线（1.4b）画出；门窗洞、阳台、台阶、花池等建筑构配件的轮廓线用中实线画出。

（四）尺寸与标高

建筑立面图的高度尺寸用标高的形式标注，主要标注建筑物的室内外地面、台阶、窗台、门窗洞顶部、檐口、阳台、雨篷、女儿墙以及水箱顶部等的高度。除了标高外，有时需要补充一些没有详图表示的局部尺寸（如外墙留洞），以及建筑物的大小尺寸和定位尺寸。

三、建筑立面图范例识读

图 5-17 是某住宅的南立面图，用 1∶100 的比例绘制。南立面是该住宅的正立面，是建筑物的主要立面，反映该住宅的外貌特征。结合建筑平面图识读此图，建筑为三层结构，大门朝南，位于建筑物的中央。门前有一台阶，台阶踏步分为两级。从图左标高 -0.050、-0.300 可知，台阶上端到室外地面高度 250 mm，踏步每级高 125 mm。正门和右侧前各有一个拱形门洞；二、三层各有一个阳台和扶栏，每层有饰线压边；屋顶是深红色沥青瓦，增加了建筑物的艺术效果。

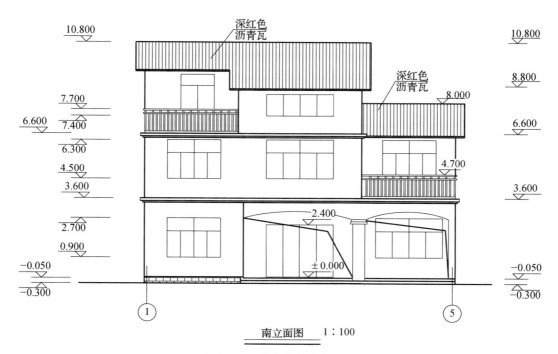

南立面图 1∶100

图 5-17 某住宅的南立面图

　　该南立面图采用粗实线绘制外轮廓线，突出建筑立面轮廓，显示南立面的总长和总高；用加粗线画出室外地坪线；用中实线画出窗洞的开关与分布、各种建筑构件的轮廓等；用中实线画出门窗分格线、阳台以及用料注释引出线等；用细实线画出图例填充线等。

　　南立面图分别注有室内外地坪线、门窗洞顶、窗台、层高、屋顶等标高。室外地坪比室内 ±0.000 低 300 mm，建筑物最高点坡面屋顶处标高为 10.8 m，住宅的外墙总高度为 11.1 m。

　　图 5-18 是住宅的东立面图，表达东向的外貌。识读方法与南立面图大致相同。

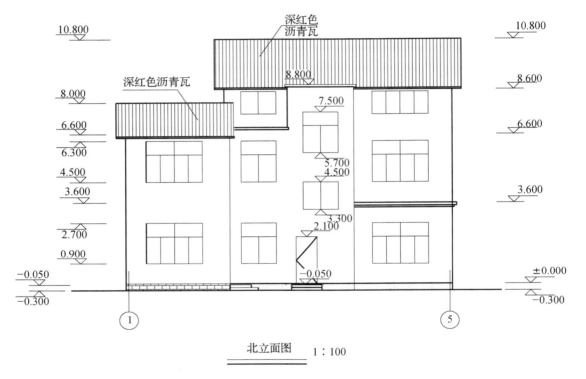

图 5-18　某住宅的东立面图

四、建筑立面图的绘制步骤

现以南立面图为例，说明建筑立面图的绘制步骤，如图 5-19 所示。

（一）绘制基准线。

（二）绘制门窗洞线和阳台、台阶、雨篷、屋顶造型等细部的外形轮廓线。

（三）绘制门窗分格线及细部构造，标注标高，注写文字等。

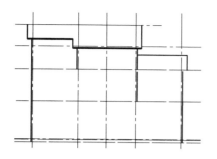

1.绘制定位轴线、层高线和建筑外轮廓线

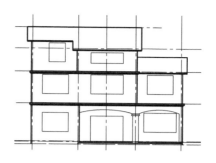

2.绘制门窗洞和建筑细部外轮廓线

3.绘制门窗的分格线及细部构造，标注标高和文字说明等

图 5-19　绘制建筑立面图的步骤

第五节

SECTION 5
建筑剖面图

一、图示方法和内容

剖面图实际就是建筑物的垂直剖面图，用以表示建筑内部的主要结构形式、分层情况、构造做法、材料及其高度等，是与平面图、立面图相互配合的重要图样之一。一般多用横向剖视，有时也采用纵向剖视或阶梯剖视。剖切位置通常选择通过门厅、门窗洞口、楼梯、阳台和高低变化较多的地方。

二、有关规定和画法

（一）比例与图例

建筑剖面图的比例与建筑平面图、立面图一致，通常为1：50、1：100、1：200等，其中1：100比例使用居多。剖面图内的建筑构件与配件使用图例绘制，见表5-4。

对表达不清楚的局部构造，用索引符号引出，另绘详图。某些细部如地面、楼面等的做法，可用多层构造引出标注。

（二）定位轴线

与建筑立面图一样，只画出两端的定位轴线及其编号，以便与平面图参照。需要时也可以注出中间轴线。

（三）图线

被剖切到的墙、楼面、屋面、梁的断面轮廓线用粗实线画出。砖墙一般不画图例，钢筋混凝土的梁、楼面、屋面和柱的断面通常涂黑表示。粉刷层在 1 ：100 的剖面图中不必画出，比例 1 ：50 或更大，则用中实线画出。室内外地坪线用加粗线（1.4b）表示。没有剖切到的可见轮廓线，如门窗洞、踢脚线、楼梯栏杆、扶手等用中实线画出。尺寸线、尺寸界线、引出线、标高符号、雨水管等用中实线画出。定位轴线用细单点长画线画出。

（四）尺寸与标高

尺寸标注与建筑平面图一样，包括外部尺寸和内部尺寸。外部尺寸通常不超过三道，最外一道是总高尺寸，表示室外地坪到女儿墙压顶面的高度；第二道是层高尺寸；第三道是细部尺寸，表示勒脚、门窗洞、洞间墙、檐口等的高度尺寸。内部尺寸用于表示室内门、窗、隔断、搁板、平台和墙裙等的高度。

需要用标高标注的有室内外地坪、各层楼面、楼梯休息平台、屋面和女儿墙压顶等处。

三、建筑剖面图范例识读

图 5-20 是住宅的建筑剖面图，是按首层平面图 1—1 剖切位置绘制，为全剖面图。识读此图要对照相关的平面图。剖面图的剖切位置通过了楼梯间、客厅、门窗洞以及室外台阶、地坪、散水等，基本能反映建筑物室内外的构造特征。

1—1 剖面图采用 1 ：100 比例，室内外的地坪用加粗线绘制，反映钢筋混凝土板的厚度。地梁用断线隔开，如 J 轴位置所示。剖切到墙体用两条粗实线表示，不画图例，表示是砖墙。剖切到的楼面、屋面、阳台和女儿墙压顶均涂黑，表示其材料是钢筋混凝土。剖面图还画出了没有剖切到而可见的门。女儿墙指的是建筑物屋顶外围的矮墙，主要作用除维护安全外，还有在底处施作防水压砖收头，以避免防水层渗水或屋顶雨水漫流。右上角为阳台围墙。

从标高尺寸可知，建筑物室内外高度差 0.3 m，首层层高 3.6 m，二层层高 3 m，三层是阁楼，最低点 2.2 m，最高点 4.2 m。住宅总高度 11.1 m。

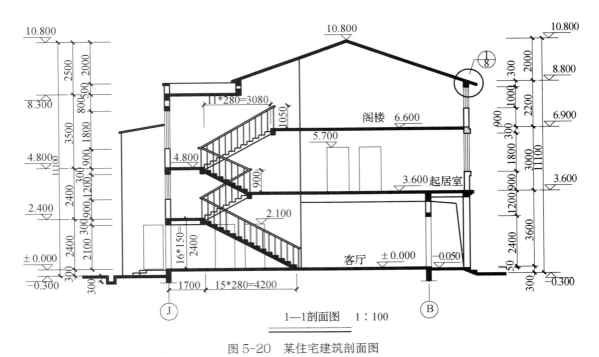

图 5-20 某住宅建筑剖面图

剖面图外墙竖向标注三道尺寸，分别是总高、层高和门窗洞的高度尺寸。从两边的细部尺寸可知，未剖切的门高均为 2 100 mm。南面二层窗高 1 800 mm，三层窗高 1 000 mm；北面二层梯台窗高 1 200 mm，三层梯台窗高 1 800 mm，离层面均为 900 mm。

剖面图屋檐处有一索引符号，表示屋檐断面的造型另有详图。详图编号 1，画在图号为 8 的建筑施工图上。

四、建筑剖面图的绘制步骤

绘制建筑剖面图的步骤如图 5-21 所示。

（一）绘制基准线。

（二）绘制墙体轮廓线、楼层和屋面线以及楼梯剖面线等。

（三）绘制门窗及细部构造、加深图线、标注尺寸和标高、输入文字等。

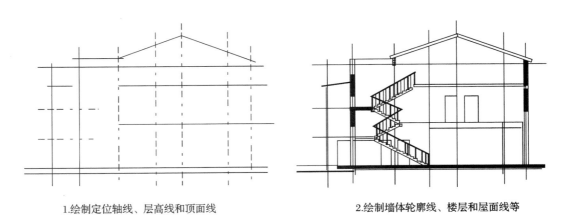

1.绘制定位轴线、层高线和顶面线　　　　　2.绘制墙体轮廓线、楼层和屋面线等

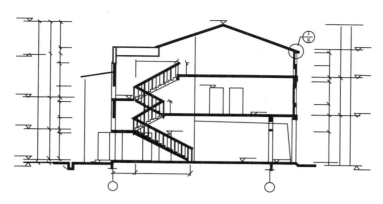

3.绘制门窗及细部构造、加深图线、标注尺寸和标高、输入文字等

图 5-21　绘制建筑剖面图的步骤

第六节 SECTION 6 建筑详图

一、图示方法和内容

建筑详图（或称大样图）是建筑细部的施工图，是根据施工需要而用较大比例绘制的建筑细部的图样，是建筑平面图、立面图、剖面图的补充。

建筑详图所表达的部分，除应在相应的平面图、立面图、剖面图中标出索引符号外，还要在所画详图的下方标出详图符号和比例，必要时，应写明详图名称，以便于查阅。

如果建筑细部（如门窗等）是套用标准设计或通用详图，只需要注明所套用的标准图集的名称、编号即可，不必再画详图。

二、有关规定和画法

（一）比例与图名

建筑详图最大的特点是比例大，常用1：20、1：10、1：5、1：2等比例绘制。建筑详图的图名要求与被索引的图样上的索引符号对应。

（二）定位轴线

在建筑详图中一般要绘制定位轴线及其编号，便于与其他图样对照。

（三）图线

建筑详图中，建筑构配件的断面轮廓线为粗实线，可见轮廓线为中粗实线，材料图例索引为细实线。

（四）尺寸与标高

建筑详图的尺寸标注必须完整齐全、准确无误。

（五）其他

套用标准图或通用图集的建筑构配件和建筑细部，只要注明所套用的图集名称、详图所在页数和编号即可，不必再画详图。建筑详图中凡是需要再绘制详图的部位，要画出索引符号。

有关用料、做法和技术要求等可用文字说明。

三、建筑详图范例识读

一般建筑施工图中常常绘制外墙详图、楼梯详图、门窗详图等。

（一）外墙详图

外墙详图通常是取房屋纵墙剖视放大图，它主要用来表明外墙从防潮层到屋顶各节点的构造、材料及施工要求。图 5-22 所示外墙详图即某住宅南立面外墙详图，共包括 4 个节点。

节点①表明勒脚处室内地坪做法及墙面内粉刷做法。

节点②表明二层墙体与楼板搭接关系，窗台及窗顶过梁的做法，楼面标高及做法。

节点③表明三层墙体与楼板搭接关系，窗台与楼面标高及做法。

节点④表明屋檐处出檐宽度、封檐板高度，窗顶过梁做法及屋面做法等。

外墙大样图因比例较大而占用幅面较多，为节省图幅常将各节点中间次要部位用折断线省去。

（二）楼梯详图

楼梯是建筑物上下交通的主要设施，多采用预制或现浇钢筋混凝土楼梯。楼梯详图主要包括楼梯平面图、楼梯剖面图及节点详图。图 5-23 是一幅楼梯构造直观图，它包括梯段、缓台及栏板（或栏杆）、扶手等构件。

1. 楼梯平面图

楼梯平面图包括底层平面图、中间层平面图及顶层平面图。

如图 5-24（一）所示为楼梯底层平面图的形成与画法。从中可以看出它是一水平剖面图，表明了底层梯段的尺寸、步数、行走方向及室内台阶数量与梯下储藏间等具体尺寸。

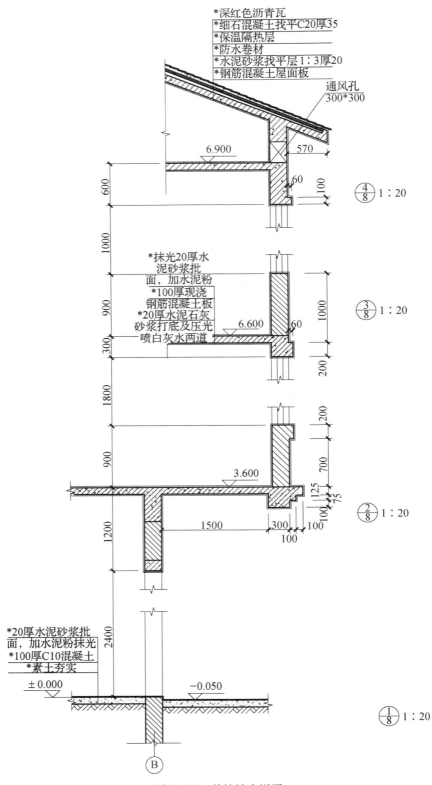

图 5-22　外墙墙身详图

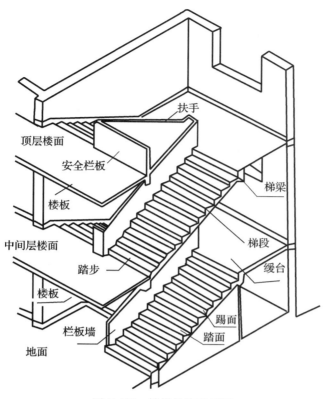

图5-23　楼梯构造直观图

　　如图5-24（二）所示为中间层楼梯平面图的形成与画法。它也是一剖面图，从中可以看出上下楼层的行走路线，各楼梯的尺寸、步数以及缓台、梯井等具体尺寸。

　　如图5-24（三）所示为楼梯顶层平面图的形成与画法。顶层平面图是整个楼梯间的水平投影图，它表明了下楼的行走路线，梯段的长短、步数及栏板或栏杆的设置等。

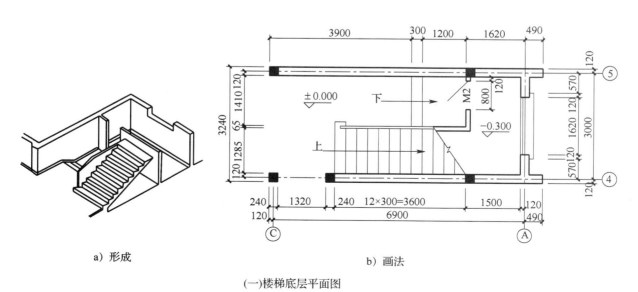

a）形成　　　　　　　　b）画法

（一）楼梯底层平面图

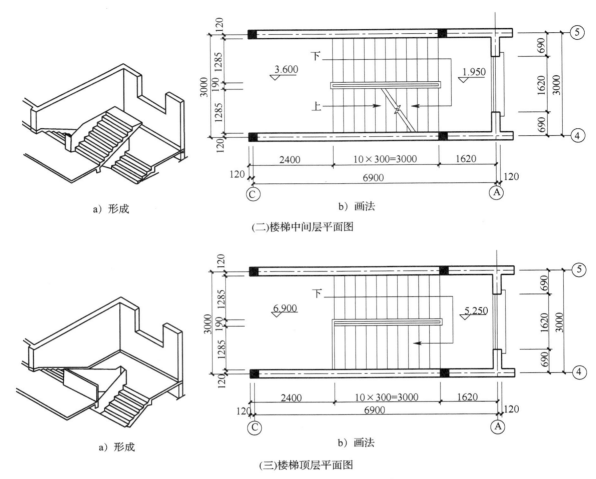

a）形成   b）画法

(二)楼梯中间层平面图

a）形成   b）画法

(三)楼梯顶层平面图

图 5-24　楼梯平面图的内容与画法

2. 楼梯剖面图

如图 5-25 所示楼梯剖面图，实际就是房屋剖面图中楼梯间部分的局部放大图，它的形成与房屋剖面一样也是一个垂直剖面图。楼梯剖面图主要用来表明楼梯间的竖直布置状况，楼梯梯段与梯梁搭接关系，梁板的结构及做法以及栏板或栏杆的形式、尺寸等。

形成楼梯剖面图的剖切位置需在楼梯底层平面图中查看，凡被剖切的梯段用粗实线画出，未被剖切的梯段中踏步用细实线画出。从剖面图中可以看出每层楼梯间踏步数量及层高、缓台高等竖向尺寸。另外，剖面图中还给出若干详图索引符号，指出应继续深入表达的节点构造。

3. 楼梯详图

根据详图索引符号找到对应详图。如图 5-26 所示即是表明梯段与梯梁搭接处具体做法的详图。

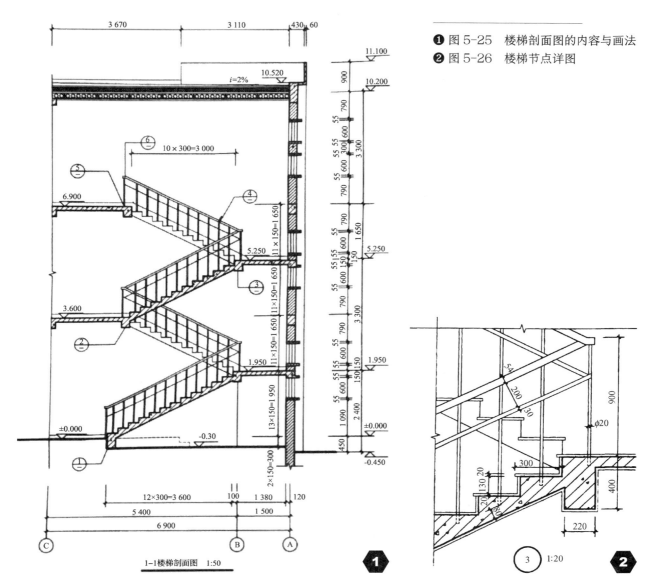

❶ 图 5-25 楼梯剖面图的内容与画法
❷ 图 5-26 楼梯节点详图

1-1楼梯剖面图 1:50

3 1:20

（三）门窗详图

建筑设计中大量使用门窗，一般各地都有预先绘制好的各种不同规格的门窗标准图，以供设计者选用。只要说明该门窗详图所在标准图集的名称和编号，就可以不必另画详图。从工业化的角度来看，优先选用标准图册中的门窗，有利于降低成本，提高工作效率。

铝合金型材已有定型的规格与尺寸，不能随意改变，而铝合金型材又可以自由地制作各种形状和尺寸的门窗。因此，绘制铝合金门窗详图，不必绘制铝合金型材的断面图，画出门窗立面图即可，表示门窗外形、开启方式和方向以及主要尺寸内容。

图 5-27 是某住宅铝合金窗详图，仅画出铝合金立面图，绘图比例为 1：50，除窗洞轮廓使用粗实线外，其余均用细实线。例如，设计编号为 C1 的铝合金窗，窗洞长 3 000 mm、高 1 800 mm，窗台和窗檐高度均为 100 mm；该铝合金为四扇窗，每扇长 750 mm、高 1 200 mm，可向左或右推拉；上部安装固定玻璃的副窗。

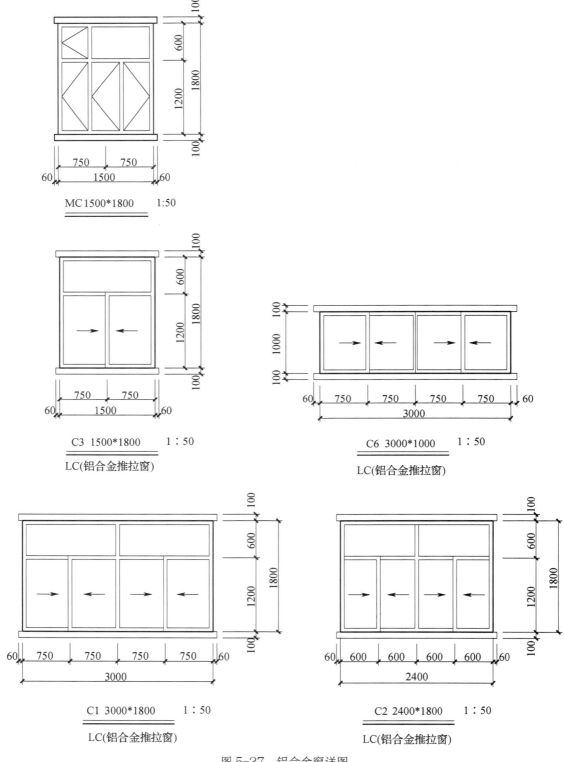

图 5-27 铝合金窗详图

思考与练习

1.问答题

（1）什么是建筑施工图？它包括哪些内容？

（2）建筑平面图是如何形成的？平面图中包括哪些内容？

（3）绘制平面图应该按哪些步骤进行？

（4）立面图的图线有哪些方面的规定？

2.填空题

（1）画定位轴号时在轴线的端部用细实线画一个直径为_____mm的圆圈，并在其中注明编号。

（2）国标中规定，竖直方向的轴线编号由下而上用_____注写，但字母_____、_____、_____不得用为轴线编号。

（3）标高有_____、_____两种形式。标高以_____为单位，其中绝对标高精确到_____，相对标高精确到_____。

（4）索引符号的编号画成直径为_____mm的_____圆；详图符号画成直径为_____mm的_____圆。

（5）在建筑施工图中对建筑材料、构造做法及施工要求等投影无法表明的问题要用_____，并用_____进行说明。

（6）在平面图中用指北针符号指明朝向，指北针的圆圈直径为_____mm，尾部宽约_____mm，针尖所指为_____。

（7）绘制建筑施工图一般从绘制_____开始，然后再画_____、建筑剖面图、_____等。

（8）建筑剖面图的剖切位置通常选择通过_____、_____、楼梯、阳台和_____的地方。

（9）一般建筑施工图中常常绘制_____详图、_____详图和_____详图等。

（10）建筑详图（或称大样图）是建筑_____的施工图，是根据施工需要而_____比例绘制的建筑细部的图样。

3.作图题

（1）在 A3 图纸上抄画图 5-24 楼梯平面图，比例自定。

（2）在 A3 图纸上，以 1：100 比例画以下建筑施工图。

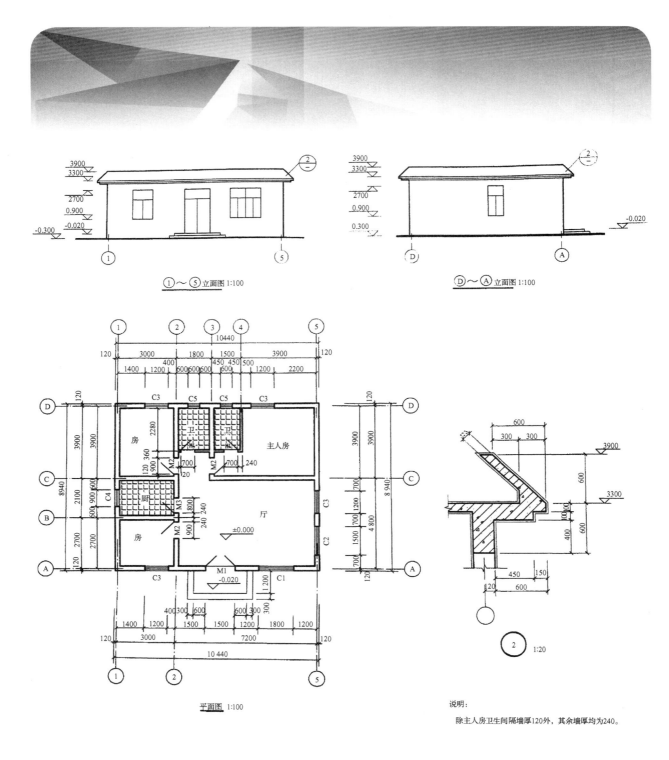

①～⑤立面图 1:100

D～A立面图 1:100

平面图 1:100

②　1:20

说明：

除主人房卫生间隔墙厚120外，其余墙厚均为240。

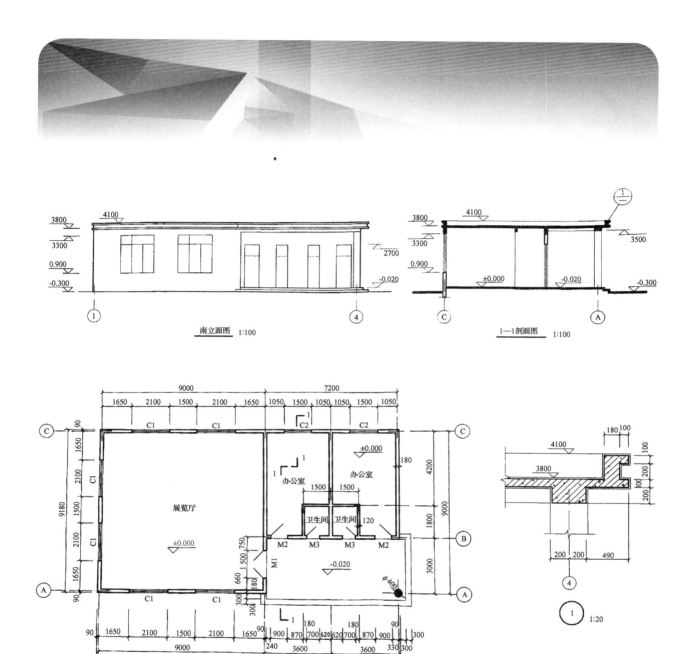

南立面图 1:100

1—1剖面图 1:100

首层平面图 1:100

1 1:20

第六章

室内装饰工程图

学习目标

1. 了解室内装饰工程图的分类、特点、常用的图例和符号等

2. 掌握室内装饰平面图、地面铺装图、顶棚平面图、立面图、电气布装图和详图的画法

室内装饰工程图是室内设计的结果，也是室内工程施工的依据。室内设计因侧重点不同，名称也有所不同，如室内装潢、室内装修、室内装饰等。然而，就表达这些工程内容的图样而言无须仔细区分，可统称为室内装饰工程图。

第一节

SECTION 1

室内装饰工程图概述

室内设计是在已建成的建筑内进行的室内空间装修改造设计，或在新建建筑设计初装修的基础上继续深入进行的精装设计，其目的是满足使用者更舒适或个性化的需求。

一、室内装饰工程图的类型

（一）室内设计相关文件

1. 室内设计招投标文件及委托协议书
2. 室内设计项目清单及工程预算书
3. 工程材料清单及使用情况
4. 装修等级、装饰风格及装修设计要求说明等

（二）室内设计的基本工程图样

表 6-1 是室内设计中涉及的各种工程图样，但在实际工作中，要视具体情况而绘制其中某些图样，而不是把以下所列图样一一绘出。

表6-1　室内设计基本工程图样

工程图样	名称	说明
室内装饰工程图	平面图	平面布置图、顶棚平面图、地面铺装图
	立面图	立面布置图、立面施工图、立面展开图
	剖面图	剖立面图、局部剖面图
	详图	节点构造详图、重点部位详图
	效果图	透视效果图、轴测图
配套专业设备工程图	电气设备工程图	照明用电布线图、控制开关及插座布置图
	给水排水设备工程图	给水排水管网图、消防系统图
	供热、制冷及燃气设备图	管网系统图、相关设备装饰工程图
厨卫装修工程图	厨房及设备装修图	厨房施工图、厨房用品布置图
	卫生间工程图	卫生间施工图、卫生洁具布置图
室内绿化及水体工程图	室内绿化工程图	室内花卉、树木、盆景造型与布置图，室内共享空间的园林、山石等景观工程图
	室内水体工程图	室内的瀑布、涌流、喷泉及溪涧等景观图

二、室内装饰工程图的特点

1. 室内设计以表现建筑空间内部各界面装修和改造为重点，通常以某一房间为设计主体，不同房间有着不同的设计方案，所以房间越多，所需的图样越多。

2. 室内设计用内视符表明投影由室内向室外投射，因为图示对象不同，因而其形成投影的投影方向不尽相同。

3. 室内设计一般是在已建建筑空间内进行二次设计。在设计前需要到现场实测，根据实测绘制的施工图进行设计。因为实测时对原房屋结构、材料、轴线编号以及标高等资料不甚了解，在室内装饰工程图中可以省略上述内容。但如果用建筑施工图直接进行设计时，则不可省略。

4. 室内设计如不清楚建筑标高，在绘制的工程图中应尽量不使用标高尺寸。如必须使用时，可采用参考标高。参考标高以装修后地面为高度基准（±0.000）。

5. 室内装饰工程图中，一些尺寸可根据现场施工情况来确定，可以不标注，如灯具的位置、家具的尺寸等。

6. 室内装饰工程图中所绘制的家具、摆设等物品，只是设计者为用户提供的一种设想。实际使用时，室内设计单位或用户可以按自己的意愿重新选购与摆放。材质和构造相同的物品，在墙面、楼板面、地面等施工图中无须重复绘制。同时墙内通风口、室外的台阶和明沟等都不用绘制。

三、常用图例与符号

（一）家具与电气设备图例

室内装饰工程图目前还没有统一的图例，因此，不同设计人员绘制图样所用的图例符号也有所不同。一般情况下，建筑材料符号严格采用国家标准所定的画法，而家具与家电设备则采用通用的习惯画法为多。表 6-2 提供的是一些常见的家具与家电设备的通用画法，供绘图时参照。

表 6-2　常用家具、家电设备的平面图例

类型	名称	图例	类型	名称	图例
沙发	单人		灯具	吊灯	
	双人			筒灯	
	三人			吸顶灯	
	组合			浴霸	
	转角			轨道射灯	
	半圆角			格栅灯	
	U 形		厨房	洗菜盆	
	异形			煤气灶	
茶几	长方形		电器	洗衣机	
	方形			电话机	
	圆形			计算机	

续表

类型	名称	图例	类型	名称	图例
绿化	树		办公家具	标准写字台	
	花			大班桌	
客房	单人床			电脑桌	
	双人床			转角写字台	
	组合柜			船形会议桌	
	衣柜			圆形会议桌	
	椅子		洁具	蹲便器或坐便器	
餐桌	2人长方形			小便器	
	4人方形			洗面盆	
	6人长方形			台式洗面盆	
	6人圆形			浴缸	
	10人圆形			浴箱	
	酒吧台				
	多人长条形				

（二）立面索引符号画法与标注

1. 立面索引符号

在国家制图标准中，将指示装修墙面的符号称为立面索引符号。立面索引符号又被称为墙面指示符或内视符。立面索引符号通常在平面图中绘出。

2. 画法与标注

如图 6-1 所示为几种立面索引符号的常见画法。内切圆直径为 8 ～ 12 mm，用细实线画出。外切方形尖端涂黑并指向需要表达的墙面的垂直投影方向。

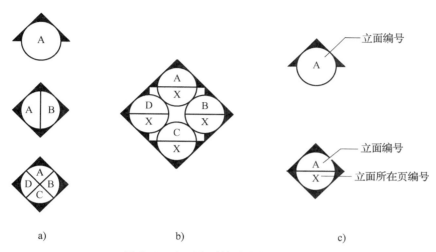

a)   b)   c)

图 6-1 立面索引符号的类型与画法

a）立面索引符号与立面图同一页面 b）立面索引符号的扩展 c）画法要求

装修墙面的名称用字母或数字表示，注写可以在圆内，也可以在圆外。图 6-1a 表示立面图与立面索引符号画在同一张图纸内，方形尖端涂黑指向的数量表示投影立面的数量。立面图不在立面索引符号所在页面，在立面索引符号上注明立面图所在页面编号，如图 6-1c 所示。图 6-1b 是立面图不在立面索引符号所在页面的四向内视符。

立面索引符号在平面图中的应用如图 6-2 所示。

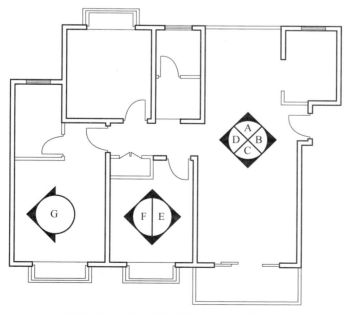

图 6-2 立面索引符号在平面图中的应用

第二节 | SECTION 2
平面图

一、平面图的形成

室内装饰工程图的平面图与建筑工程的平面图的形成方法完全相同，有所区别的是建筑平面图主要表示建筑实体，包括墙、柱、门、窗等构配件；室内平面图则主要表示室内环境要素，如家具和陈设等，通常不必表示室外的东西，如台阶、散水、明沟、雨篷等。

二、平面图的内容

1. 建筑墙、柱

在平面图中，墙和柱应用粗实线绘制，因为它们是用假设的水平剖切面剖到的建筑构件。墙面、柱面用涂料、壁纸及面砖等装修时，墙、柱外面不加线；用石材、木材等装修时，可参照装修层的厚度，外面加画一条中实线。

比例较小的图样中，墙、柱不必画出砖、混凝土等材料的图例。为使图样清晰，可将钢筋混凝土的墙、柱涂成黑色，如图6-3所示。

不同材料的墙体相接或相交处，要画断线。同种材料的墙体相接或相交时，则不必在相接与相交处画断线，如图6-4所示。

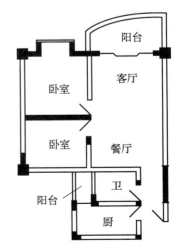

图6-3 涂黑的钢筋混凝土墙、柱

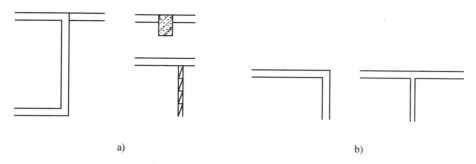

图 6-4　墙、柱相接或相交处的画法
a）不同材料　b）相同材料

2. 门窗

平面图上，要按设计位置、尺寸和规定的图例画出门窗，包括高窗和门洞，通常可以不注写门窗号。在比例小的图样中，门扇用中实线表示，可不画开启方向线。比例较大的图样，可画出门扇的厚度和开启方向线，使图面丰富，富有表现力，如图 6-5 所示。

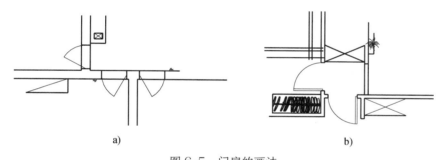

图 6-5　门扇的画法
a）中实线表示门扇　b）画出门扇厚度和开启方向线

3. 家具、陈设、厨卫设备等

用实线画出家具、陈设、厨卫设备图例。比例较小的图样，可按图例绘制这些物件，不必画出家具等与墙面之间的缝隙，也可以不画窗帘、地毯等织物。比例大的图样，可按家具、陈设、厨卫设备等外轮廓绘制它们的平面投影，并视情况加画一些具有装饰意味的符号，如木纹、织物图案等，可以画出家具与墙或家具与家具之间的缝隙，还可以画出窗帘、地毯等图形，如图 6-6 所示。

4. 绿化、景观小品等

在平面图中，用细实线绘制绿化、景观小品的外轮廓，花、石、水可采用示意性画法，如图 6-7 所示。分隔空间的花槽，要画准其位置和形状。槽中的花卉可自由绘制，但线条应流畅、自然。

5. 楼梯

按建筑实际情况，绘制出楼梯的形状、梯段踏步的数量以及楼梯的类型、结构形式，需要时可标注标高、尺寸、材料说明等，如图 6-8 所示。

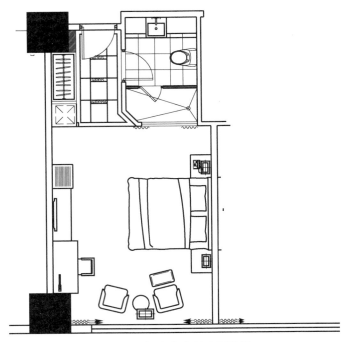

图 6-6　标准客房的家具陈设

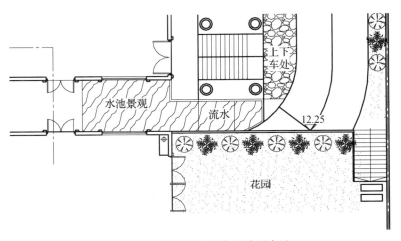

图 6-7　某别墅的绿化、景观小品

6. 壁画、浮雕等

平面图上，可以不画挂画、挂毯等壁饰，但要表示壁画、大型浮雕等的位置和长度。一般做法是用中实线画出外轮廓，并用引出线标注它们的名字，如浮雕《水色印象》等。

7. 地面

当设计的地面比较简单时，可将其形式、材料和施工方法直接绘制和标注在平面图上。

（1）采用示意性画法，在平面图地面上画平行线表示条木地板，画方格表示地面砖。平行线的间距和方格的大小不一定与条木地板和地面砖的宽窄相一致，如图 6-9 所示。

（2）选平面图中家具不多的区域，画出地面图例并标注尺寸、材料和颜色，如图6-10所示。

（3）直接通过引出线标注地面施工方法，如"满铺红色防静电地毯"等，如图6-11所示。

8. 尺寸与轴网标注

平面图主要标注轴间尺寸以及主要尺寸，其他形状和位置可以在立面图、详图中标注。根据实际情况可以选择标注或不标注轴号。

9. 图名

平面图图名通常附带工程地点名称，以便清晰可辨。例如，某市青少年活动中心一层的室内设计工程，图名可写为"一层平面图"；又如业主梁先生委托设计的住宅室内设计工程，图名可写为"梁宅平面图"等。

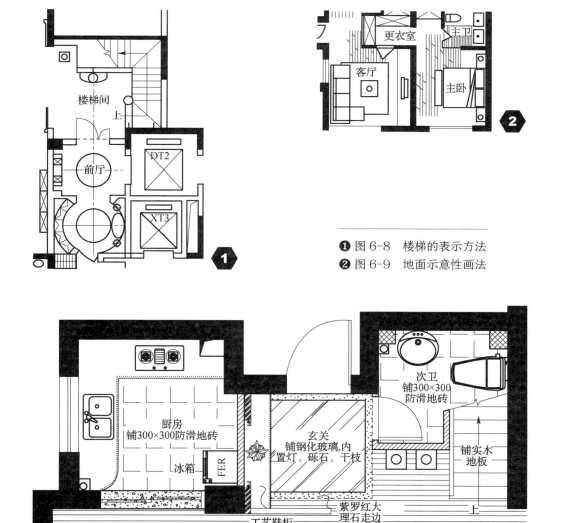

❶ 图 6-8　楼梯的表示方法
❷ 图 6-9　地面示意性画法

图 6-10　地面图例、尺寸等画法

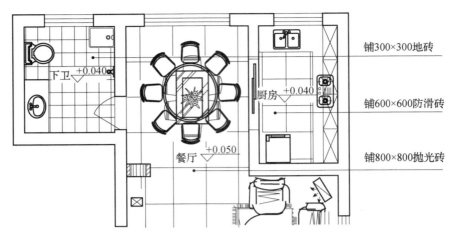

铺300×300地砖

铺600×600防滑砖

铺800×800抛光砖

图 6-11　地面施工方法引出线标注画法

10. 比例

根据工程面积和图幅大小确定平面图的比例，常见的有1：200、1：100、1：50等。比例写在图名右边，字体大小比图名小一至两号，如图 6-12 所示。

一层平面图1:100

图 6-12　图名与比例

三、平面图的画法

1. 选比例、定图幅。

2. 画出建筑主体结构平面图。

3. 画出厨房设备、家具、卫生洁具、电器设备、隔断、装饰构件等的布置。

4. 标注尺寸、剖面符号、详图索引符号、图例名称、文字说明。

5. 画出地面的拼花造型图案、绿化等。

6. 整理图线。

第三节 | SECTION 3 地面铺装图

一、地面铺装图的形成

地面铺装图是表示地面设计与施工的图样。当地面的设计非常简单时，可以不画地面铺装图，只在平面图上标注即可，如标注"满铺 1 000×1 000 马可香槟玫瑰地砖"。当地面设计与施工较复杂时，如使用多种材料或多变的图案和颜色等，则需要专门画地面铺装图。地面铺装图只需画地面的形式和做法，以及固定在地面上的设备和设施，不必画家具与陈设。

二、地面铺装图的内容（见图 6-13）

1. 墙、柱、窗、楼梯、电梯、斜坡和踏步等。

2. 地面的形式与做法。

3. 地面上的固定设备和设施。如果地面有其他埋地式的设备则需要表达出来，如埋地灯、暗藏光源、地插座等。

4. 标注。除了标注地面平面尺寸外，地面铺装图还应标注标高。如果地面有几种不同的标高，更要标注清楚。

如有需要，应表达出地坪材料拼花或大样索引符号、装修所需的构造节点索引。地面如有高度落差，需要节点剖切，则应表达出剖切节点索引符号。

5. 拼花造型地面。用细实线绘制拼花造型，同时标注地面材料的规格、编号及施工方法。

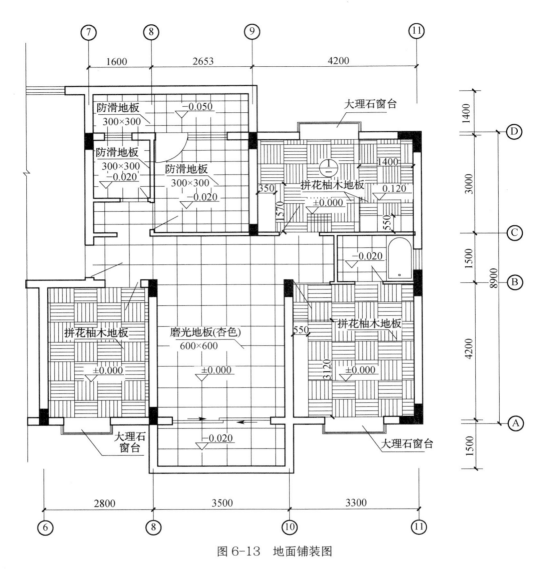

图 6-13 地面铺装图

三、地面铺装图的画法

1. 选比例、定图幅。

2. 画出建筑主体结构平面图。

3. 画出地面上的固定设备和设施。

4. 画出地面材料图例、尺寸、品牌与型号、施工方法等的布置。

5. 标注尺寸、剖面符号、详图索引符号、图名、比例等。

6. 整理图线。

第四节
SECTION 4
顶棚平面图

一、顶棚平面图的形成

顶棚平面图的形成方法与平面图相同，不同之处在于投影恰好相反。

平面图是建筑的水平剖面图，是用假想水平剖切面从窗台上方把建筑物剖开，移去上面部分后向下投影所形成的正投影图。如果移去下面部分向上投影，所得到的正投影图就是顶棚平面图。顶棚平面图是镜像视图。

二、顶棚平面图的内容

1. 墙、柱和壁柱

被剖到的墙与柱用粗实线绘制，通常不必画材料图例，不必涂黑。比例小时，可不画粉刷层。如果墙面或柱面用木板或石板等包装，且有一定的厚度，可参照包装层的厚度在外边加画一条中实线。墙身与顶棚的交汇处做线脚的，可画一条中实线表示其位置，如图 6-14 所示。

2. 墙上的门窗和洞口

顶棚平面图中，门窗的画法与平面图中的画法一样，但因水平剖切面的位置不同，剖切到的内容不同，门窗的表示方法也有所不同。水平剖切位置有以下三种情况：

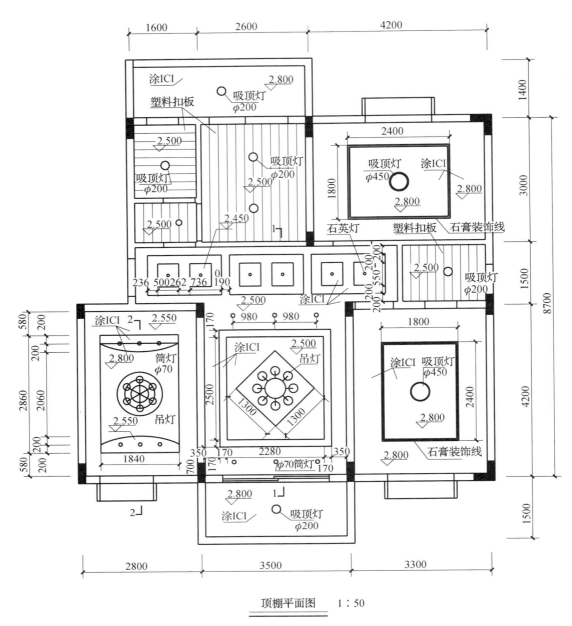

顶棚平面图 1：50

图 6-14 顶棚平面图

（1）水平剖切面略高于窗台，墙上的门窗洞口除少数高窗外，全部被剖掉。这种情况是最常见的，也是室内装饰工程图中最有代表性的。此时，顶棚平面图与平面图的画法基本一致，只是顶棚平面图是由下往上投影。

（2）水平剖切面经过窗，高于门的上沿。这种情况的画法与第一种情况完全一样。因为门没有被剖切，不作表示。但有很多图纸，为了能把门洞的位置表示清楚，在门洞两侧画虚线。虽然这种做法不完全符合正投影原理，但有利于制图，便形成了习惯，与平面图中用虚线表示高窗一样。

（3）水平剖切面高于门窗的上沿。这种情况因为门窗都没有被剖切，所以只画墙身，不画门窗洞口，或在门窗洞口处画虚线。

以上三种情况，第二种的情况比较特殊，所以实际工作中，常采用第一种和第三种画法。

3. 楼梯、电梯

楼梯要画出楼梯间的墙，电梯要画出电梯井，但可以不画楼梯踏步和电梯符号。

4. 顶棚造型

顶棚上的浮雕、线脚等在顶棚平面图上要画出来。比较复杂的浮雕或线脚，在比例小的顶棚平面图中难以画清楚，可以用示意的方式来表示，然后再另画出大比例的详图。

5. 灯具及设施

采用简化画法画灯具，如筒灯画一个小圆圈，吸顶灯只画外部大轮廓，大小与形状应与灯具的真实大小和形式相一致，同时，标注灯具的类型、位置以及间距等。

通风口、烟感器和自动喷淋设施等，按要求应画在图纸上，如果因为工程配合的原因，后续工种一时提不出具体资料，也可不画。

如果顶棚的设备和设施较多，可在图纸一角用图例的目录说明，免于混淆。

6. 剖切符号

造型、施工方法较复杂的顶棚平面图，要标注剖切的符号，即投影方向的剖切点与面；顶棚需要局部放大表达时，可用局部剖切符号表示。

7. 图名与比例

顶棚图的比例应与平面图保持一致。为了引起施工人员注意，图名为"顶棚平面图"，并在其下面用两条水平平行的实线绘制，如图6-15所示。

<u>顶棚平面图 1:100</u>

图6-15 顶棚平面图的
图名与比例

三、顶棚平面图的画法

1. 选比例、定图幅。

2. 画出建筑主体结构平面图。绘制墙、柱、楼梯、门窗洞口的位置等。

3. 画出固定设备和设施。

4. 画出顶棚布置。绘制顶棚造型、窗帘及窗帘盒、灯具与其他装饰物、风口、烟感设施、温感设施、喷淋设施、广播设施、检查口等。

5. 标注尺寸与标高、剖面符号、详图索引符号、图名、比例等。

6. 整理图线。

第五节

SECTION 5
立面图

一、立面图的形成

立面图是一种与垂直界面平行的正投影图，反映垂直界面的形状、施工方法和上面的陈设，是室内设计中不可缺少的图样。

立面图与剖面图的主要区别是，剖面图是用竖直面剖切后形成的，图中必须有被剖的侧墙及顶部楼板和顶棚；立面图是直接绘制垂直界面的正投影图，不必画左右侧墙及楼板，只需画出由左右侧墙的内表面、底界面的上表皮和顶界面的下表皮所围成的该垂直界面的轮廓，而轮廓里面的内容与画法则与剖面图的内容和画法完全相同，如图 6-16 所示。

二、立面图的内容

1. 可见室内轮廓线和装修构造
根据平面图进行对照，绘制内墙立面可见的轮廓、装修构造线。

2. 门窗、构配件
一般是指门窗和装饰隔断等设施的高度，用图例符号来表示。配件还包括窗帘、窗帘杆等。

3. 墙面
用文字注明墙面材料的材质、纹理色彩、工艺要求，表明衔接收口的形式。

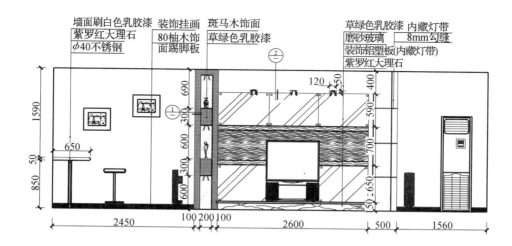

客厅C向立面 1:25

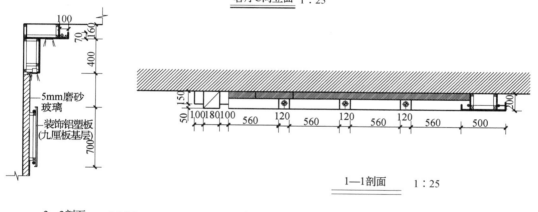

2—2剖面 1:25

1—1剖面 1:25

图 6-16 立面图

4. 固定设施

绘制与墙体镶嵌结合的物体，如吊灯、橱窗、壁炉等。

5. 需要表达的非固定家具、灯具、饰物

绘制各种装饰品的样式、大小、位置等。可不用画出所有细部的装饰。

6. 室内绿化水体

绘制室内景观小品或艺术造型出水的立面样式。

7. 壁画、挂饰、浮雕等

可用引出线标注壁画、挂饰、浮雕等的名称和材质以及准确位置。

8. 尺寸标注与标高

立面标高要标注地面、顶部、门等的准确标高与相对应的高度和宽度的尺寸。

9. 饰物或造型的名称

注明产品名称的安放位置和尺寸等。

10. 图名与比例

立面图下方应标注图名和比例。图名为图样所表现的地点，如"客厅立面图""厨房立面图"等，

注意应与立面索引符号保持一致。常用标注方法有三种，一是用符号表现内视方向，如图6-17a所示；二是用符号内上方字母表现内视方向，下方数字表现所在的图纸页码，便于查到与立面图相关的平面图，如图6-17b所示；三是用文字说明内视方向，如图6-17c所示。

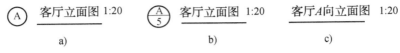

图6-17　立面图的图名与比例

三、立面图的画法

1. 选比例、定图幅，画出地面、楼板及墙面两端的定位轴线等。

2. 画出墙面的主要造型轮廓线。

3. 画出墙面次要轮廓线、尺寸标注、剖面符号、详图索引、文字说明等。

4. 描粗并整理图线。

第六节 | SECTION 6
详图

一、详图的形成

详图是室内装饰工程图中不可缺少的部分，是根据施工需要采用较大比例绘制的装修细部图样。在相应的平面图、顶棚平面图、立面图等中标出索引符号，详图的下方标出比例。

室内设计需要画多少详图、画哪些部位的详图，需要根据工程的大小、复杂程度而定，一般有墙面详图、柱面详图、建筑构配件详图、设备设施详图、造景详图、家具详图、楼梯与电梯详图、灯具详图等。

二、详图的内容

1. 造型的形式和装修构造
根据详图索引符号指示，用较大的比例绘制其内外部形状和装修构造。

2. 施工工艺、材料、色彩等
用引出标注说明其施工工艺、使用的材料和色彩以及材料品牌和型号。

3. 材料图例
材料图例参照表 4-1 常用建筑材料图例。

4. 连接与固定方式
详图需详细表达材料、物品、设备等的连接与固定方式，以便施工人员准确无误地施工操作。

5. 饰面层、胶缝及线角等

详图与其他图样不同的是采用大比例表达图样的细节，工程需要的施工工艺，包括饰面层、胶缝及线角等的施工要求等必须表达清楚。

6. 尺寸标注与标高

详图的尺寸必须清晰、完整。其他图样无法识读的尺寸应该在详图中能够找到。

标高应对应平面图、立面图的标高，通常以室内地面为相对标高 ±0.000。

7. 图名与比例

详图是其他图样无法表达清晰而局部剖视或放大产生的图样，可以不用图名而直接使用详图符号，如图 6-17 所示。详图通常采用的比例有 1：1、1：2、1：5、1：10 等。

三、详图范例

1. 墙面详图

墙面装修有简单、有复杂，对刷漆、贴壁纸的墙面，只需在垂界面或立面图上标注清楚即可。而复杂的墙面，则需要单独画图，表示其中的细节和施工要求。

墙面详图包括立面图和主要部位的剖面详图，通常不画贯通全高或全长的剖面图。如图 6-18 所示，立面图反映了墙面的形式，标注了长、高等尺寸，在需要绘制剖面详图的位置标注详图索引符号。立面图如有需要，也要标注使用的材料与颜色。

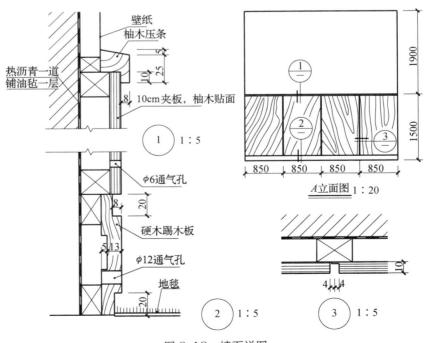

图 6-18 墙面详图

图 6-18 三个剖面详图反映了收边木条的断面、板缝的宽窄和墙面的做法。编号 1 详图反映墙裙上部与墙面壁纸交接处的做法，编号 2 详图反映墙裙下部与地面交接处的施工状态，编号 3 详图反映墙裙两装饰板之间的连接情况。

2. 顶棚详图

顶棚详图主要用于表示顶棚上的图案与起伏变化。表示图案的，通常采用局部放大图；表示起伏变化的，通常采用剖面详图。与绘制其他详图一样，在顶棚平面图或剖面图上标注详图索引，再把被索引处画成剖面详图。如图 6-19 所示为某顶棚的图样，因为顶棚是对称的，所以顶棚平面图只画了一半，剖面图也只画了一部分。详图是从剖面图中索引出来的，其中 A、B、C 详图以放大的方式表示线脚断面的形式和尺寸，D 详图采用剖切的方式表示顶棚凹池侧面的装修情况。

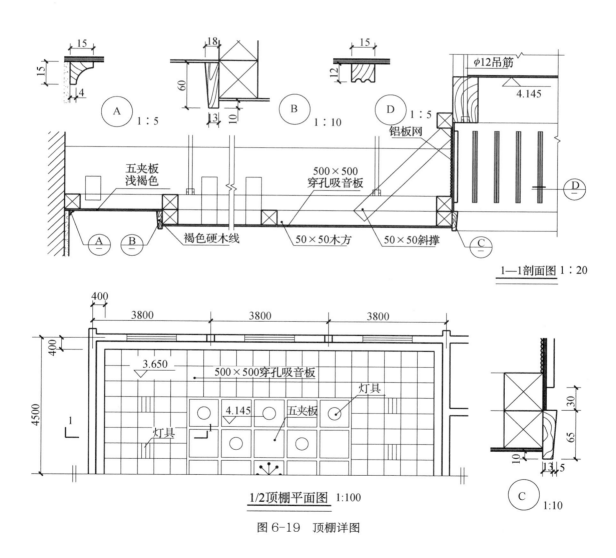

图 6-19　顶棚详图

3. 家具详图

家具详图主要包括平面图、立面图、剖面图和节点图，如图 6-20 所示。

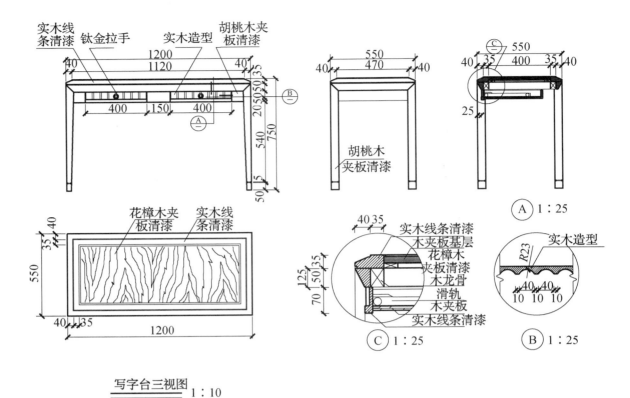

图 6-20　家具详图

4. 隔断详图

隔断起分隔室内空间的作用，包括隔扇、罩、屏风、花格等多种类型，主要起遮挡作用，其形式比隔墙轻盈，有的甚至可以移动。

隔断详图的主要图样有立面图、水平剖面图、垂直剖面图和主要节点详图。

立面图表示隔断的形式和材料，并标注竖向尺寸，如果不画水平剖面图，则要标注水平方向的尺寸。水平剖面图要标注长与厚，垂直剖面图要标注厚与高，节点详图要表明节点的构造方式和尺寸。

在隔断详图中，立面图与节点图是必不可少的。至于画不画水平剖面图和垂直剖面图，应视隔断的复杂程度而定。如果只画立面图和节点图就可以把其构造交代清楚，则可以不画水平剖面图和垂直剖面图。

图 6-21 是一个木花格的构造图，它由立面图和几个典型的节点图组成，省去了水平剖面图和垂直剖面图。

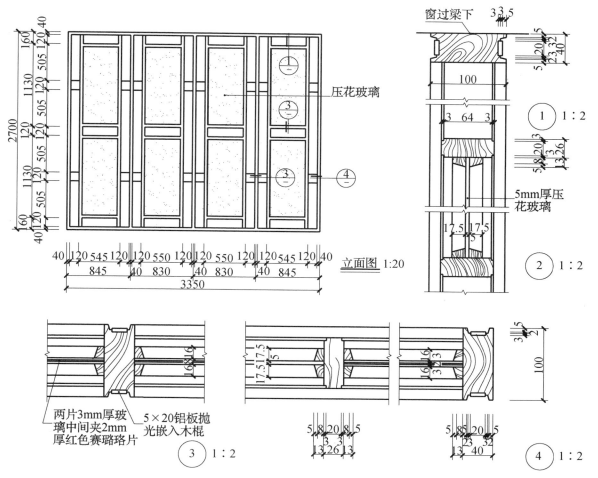

图 6-21 木花格详图

第七节

SECTION 7
电气布装图

一、电气布装图的形成

电气布装图主要用于表示电源进户装置、照明配电箱、灯具、插座、开关等电气设备的数量、型号规格、安装位置、安装高度以及照明线路的铺设位置、铺设方式、铺设路径、导线的型号规格等。

电气布装图包括供电系统图、灯具布置图、电气平面图等。简单的家庭电气设计系统图和平面图可在一张图内表示。

二、电气布装图的内容

电气布装图通常是在平面图或顶棚平面图上画出来的。墙、柱和壁柱，墙上的门窗和洞口，楼梯、电梯，顶棚造型等参照平面图和顶棚平面图的画法。

1. 照明灯具
照明灯具是电气布装的主要设施，相关图例参照表 6-3。

2. 消防、空调、弱电设备设施
除照明灯具外，布装图中还需要根据设计要求标注消防、空调、弱电等设备设施的位置和数量，相关图例参照表 6-4。

3. 插座
电气布装图中，必须注明插座的类型、数量、位置与高度，相关图例参照表 6-5。

表 6-3　照明灯具图例

序号	名称	图例	序号	名称	图例
1	艺术吊灯		8	格栅射灯	
2	吸顶灯		9	1 200×300 日光灯盘（日光灯管以虚线表示）	
3	射墙灯		10	600×600 日光灯盘（日光灯管以虚线表示）	
4	冷光筒灯		11	暗灯槽	
5	暖光筒灯		12	壁灯	
6	射灯		13	台灯	
7	轨道射灯		14	踏步灯	

表 6-4　消防、空调、弱电设备设施图例

序号	名称	图例	序号	名称	图例
1	送风口		8	电视器件箱	
2	侧送风、侧回风		9	电视接口	TV
3	回风口		10	卫星电视出线盆	SV
4	排气扇		11	音响出线盒	M
5	消防出口	EXIT	12	音响系统分线箱	M
6	消防栓	（单口） （双口）	13	计算机分线箱	HUB
7	喷淋设施		14	红外双鉴探头	

表6-5　插座图例

序号	名称	图例	序号	名称	图例
1	插座面板（正立面）	⊡	12	带开关防溅二三极插座	
2	电话接口（正立面）	▣	13	三相四极插座	
3	电视接口（正立面）	◉◎	14	单联单控翘板开关	
4	单联开关（正立面）	▢	15	双联单控翘板开关	
5	双联开关（正立面）	▥	16	三联单控翘板开关	
6	三联开关（正立面）	▥▥	17	单极限时开关	
7	四联开关（正立面）	▦▦	18	双极开关	
8	地插座（平面）	▦	19	多位单极开关	
9	二极扁圆插座		20	双控单级开关	
10	二三极扁圆插座		21	按钮	◎
11	二三极扁圆地插座		22	配电箱	□AP

4. 布线

顶棚照明灯具配置图的布线早期采用弧线画法，但当单一空间线路过多时，弧线画法会使画面凌乱，串联的线路形成打结现象。因此，电气线路也可以采用垂直与水平画法，使线路至开关的路径清晰可辨，如图6-22所示。

布线的画法可因空间的面积、动线以及电气线路的变化而不同。

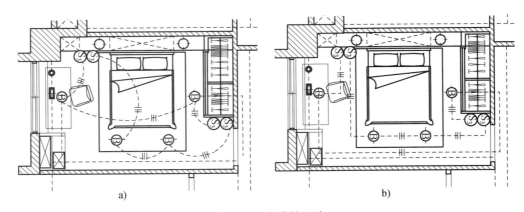

图6-22　布线的画法

a）弧线画法　b）垂直与水平画法

5. 明细表

为便于识图，电气布装图通常画上明细表，把图中用到的电气图例列入表中，并根据实际情况配上文字说明。

6. 标注

电气布装图除了标注平面线性尺寸、电器与灯具布置尺寸外，还需要标注开关、插座等设备的标高。

7. 图名与比例

电气布装图通常是在平面布置图、顶棚平面图的基础上绘制的，可以与这些图样的比例保持一致。

根据图样的实际内容确定电气布装图的名称。例如，表现灯具和电线布线的，称为灯具布线图；表现强电用电器、开关插座和布线的称为强电布线图，依此类推。

三、电气布装图的画法

1. 选比例、定图幅。

2. 画出建筑主体结构平面图。

3. 画出室内固定设备设施。

4. 画出照明灯具、开关、电视和电话接口以及其他电气设备图例、位置。

5. 画出电线的路线。

6. 标注尺寸、文字说明。

7. 整理图线。

第八节 | SECTION 8

室内装饰工程图实例

下面以某三居室住宅室内装饰工程图的部分图样为例，介绍室内设计主要的工程图样。

一、平面图

案例设置有客厅、餐厅、厨房、主卧室、卧室、书房各一个以及阳台、浴室各两个。平面图中，各种陈设品和设备按比例用细实线画出轮廓图例，其中常用的、形象比较直观的不必加注说明，如图 6-23 所示。

考虑到图面的整洁清晰，需要另绘地面铺装图，平面图中画出地面使用的材料和施工要求。同时，立面索引符号也在地面铺装图中标注。

平面图只标注主要线性尺寸，不标注轴号，使用 1：100 比例绘图。

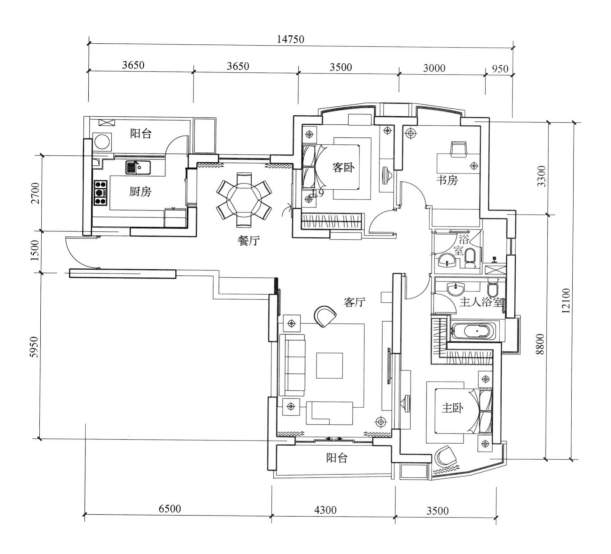

平面布置图1:100

图 6-23 某三居室平面布置图

二、地面铺装图

在平面图的基础上绘制地面铺装图，只画出固定的设施和陈列品。案例地面材料使用并不复杂，主要是紫檀木地板、防滑地砖、大理石等，采用引出说明，用细实线画出，如图6-24所示。

立面索引符号均为四向内视符，为绘制立面图提供索引。

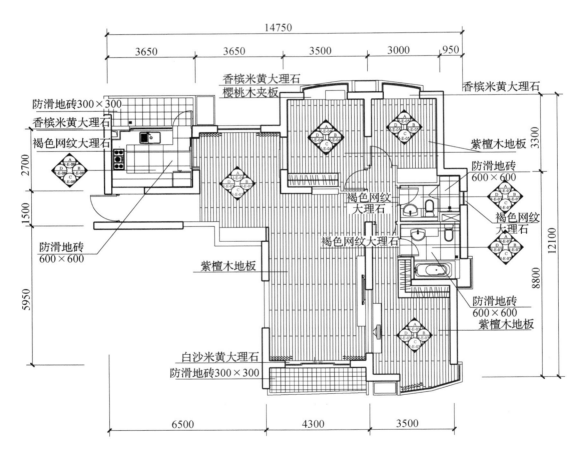

地面铺装平面图1：100

图6-24　某三居室地面铺装图

三、顶棚平面图

顶棚平面图与地面铺装图一样，也是利用平面图改画而成，采用的是镜像投影画法，省去了房间名称，标注了顶棚材料和各装饰件的名称、规格、尺寸以及顶棚底面的标高，如图 6-25 所示。

顶棚平面图画出了灯具等用电设备的图例，并标注了主要的安装尺寸。电气设备明细表中的图例与图中的图例保持一致，便于读图。

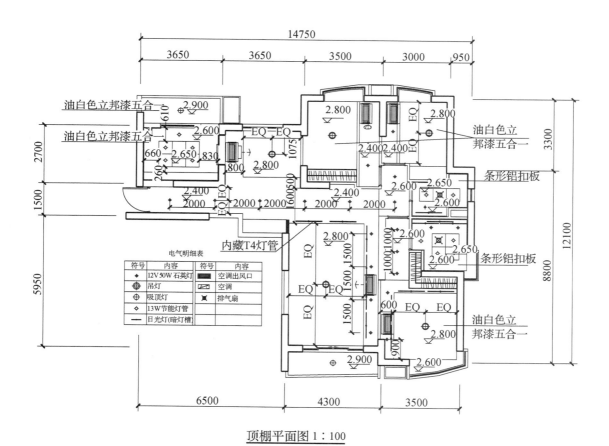

顶棚平面图 1 : 100

图 6-25　某三居室顶棚平面图

四、电气布装图

电气布装图同样是利用平面图改画而成，本案例把照明灯具的线路和强弱电的布装分画成两幅图。照明灯具的主要安装位置已经在顶棚平面图上标注清楚，灯具线路图主要介绍线路的连接，如图 6-26 所示。

强弱电的布装可以在同一幅图中画出，也可以分画成两幅。电气布装图主要表示强电开关、插座、电箱等的位置、高度和电线走向，以及通信设施如电话、电视等接口和线路走向连接，如图 6-27 所示。

电气布装图要画出电气设备的明细表，以便于制图与识图。

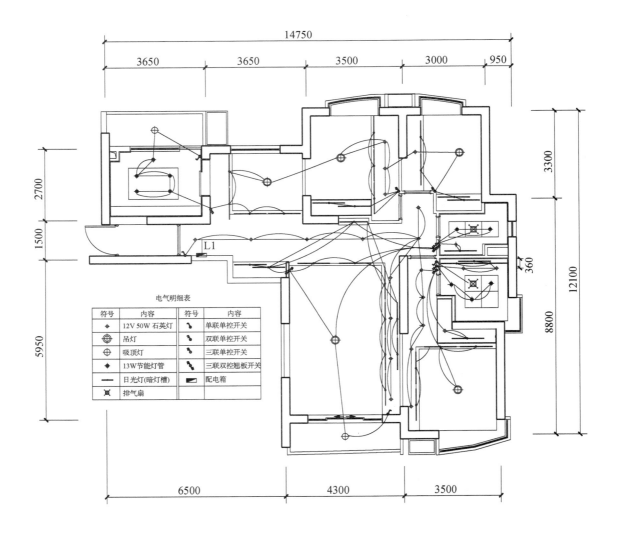

灯具线路图 1：100

图 6-26　某三居室灯具线路图

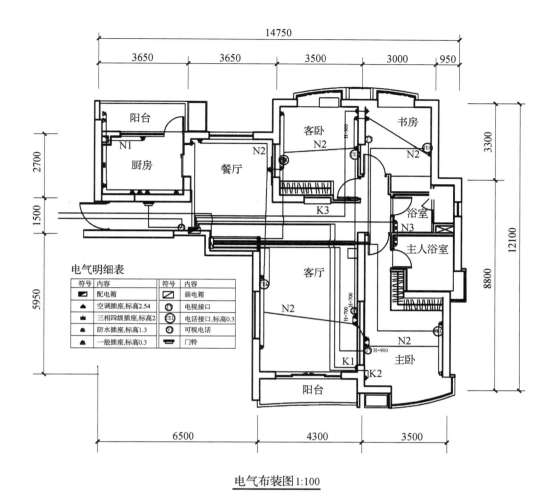

电气布装图1:100

图 6-27 某三居室电气布装图

五、立面图和详图

从地面铺装图立面索引符号可知，每个房间（包括客厅、浴室）都画出四个方向的立面图。为了清楚表现装修的内部构造和细节，需要时要画出放大详图或剖视详图。立面图和详图可以分画到不同的图中，也可以画在一起。详图索引符号能很好地衔接立面图和详图。

（一）客厅立面图和详图

图 6-28 是客厅及餐厅 B 向立面图和①、②两幅详图。

客厅及餐厅 B 向立面图表现了墙面的装修状况以及电视柜外形、顶棚截面。①、②详图均为放大详图，分别表现餐厅窗帘盒与客厅顶棚造型的细节。

（二）卧室立面图和详图

本案例有两间卧室，一间是客卧，另一间是主卧，功能结构基本一致。图 6-29 是主卧的 A、B、D 向立面图。

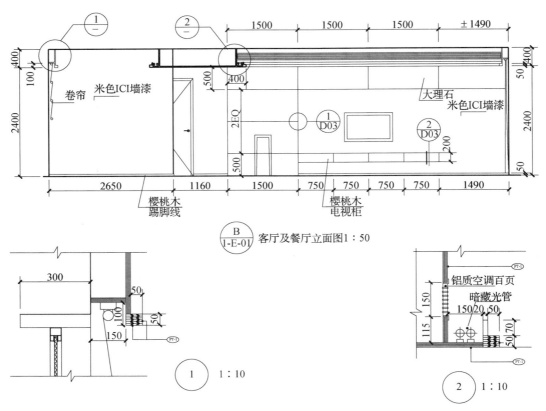

图 6-28　客厅及餐厅 B 向立面图与详图

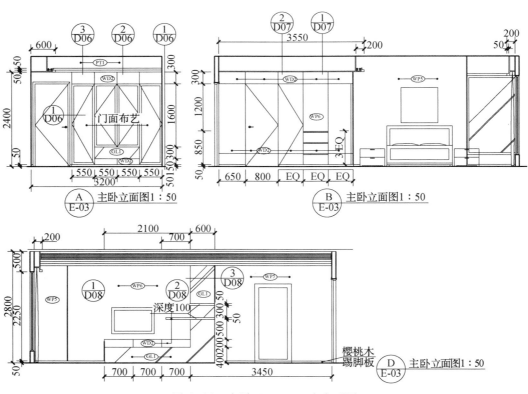

图 6-29　主卧 A、B、D 向立面图

（三）厨房立面图和详图

图 6-30 是厨房的 *A*、*B*、*C*、*D* 4 向立面图，主要表现橱柜和工作面、顶棚的尺寸以及材料等。

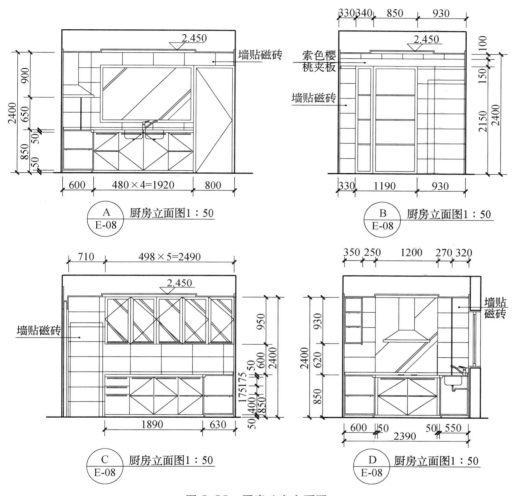

图 6-30　厨房 4 向立面图

（四）浴室立面图和详图

图 6-31 是主卧浴室 *A* 向立面图以及①、②两个详图。*A* 向立面图主要表现洗漱台和镜柜的外形，并通过①、②两剖面详图表现镜柜和洗漱台的内部构造、材料等状况。

（五）书房立面图和详图

图 6-32 是书房 *C* 向立面图以及①、②两个详图。*A* 向立面图主要表现书柜外形和入门位置，并通过①、②两剖面详图分别从不同方向表现书柜的内部构造和材料等状况。

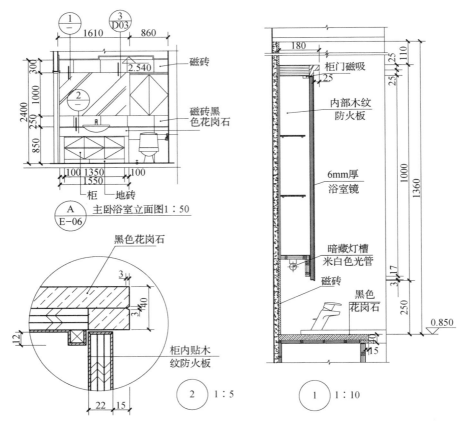

图 6-31　主卧浴室 A 向立面图与详图

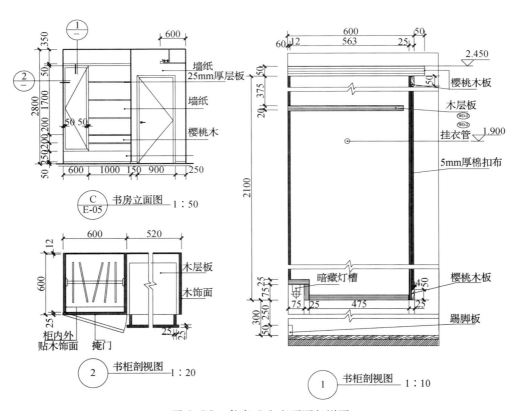

图 6-32　书房 C 向立面图与详图

思考与练习

1. 问答题

（1）室内设计的相关工程文件有哪些？

（2）室内设计的基本图样有哪些？

（3）什么是内视符？内视符的用途、画法和标注有哪些规定？

（4）室内装饰平面图是如何形成的？作用是什么？主要包括哪些内容？

（5）顶棚平面图、地面铺装图、立面图、详图、电气布装图的作用分别是什么？主要包括哪些内容？

2. 填空题

（1）平面图中墙和柱用_____线绘制；墙面、柱面用涂料、壁纸及面砖等装修时，墙、柱外面用_____线；用石材、木材等材料装修，可参照装修层的厚度，外面加画一条_____线。

（2）室内装饰详图一般有_____详图、柱面详图、建筑构配件详图、设备设施详图、造景详图、_____详图、_____详图、_____详图等。

3. 画图题

（1）在 A3 图纸上抄画图 6-19 顶棚详图，比例自定。

（2）在 A3 图纸上抄画图 6-20 家具详图，比例自定。

（3）以教室、会议室、自住房屋等身边场所为例，测绘平面图、立面图、电气布装图以及主要详图，注意选择适合学生测绘的案例。

图纸大小为 A3，比例自定。